风景园林理论与实践系列丛书
北京林业大学园林学院 主编

THE RESEARCH OF DEVELOPMENT AND EVOLUTION
OF BEIJING PUBLIC GARDENS

北京公共园林的发展与演变

王丹丹 著

中国建筑工业出版社

图书在版编目（CIP）数据

北京公共园林的发展与演变／王丹丹著．—北京：中国建筑工业出版社，2016.4
（风景园林理论与实践系列丛书）
ISBN 978-7-112-19095-9

Ⅰ.①北…　Ⅱ.①王…　Ⅲ.①园林—发展—研究—北京市　Ⅳ.①TU986.621

中国版本图书馆CIP数据核字（2016）第030505号

责任编辑：杜　洁　兰丽婷
书籍设计：张悟静
责任校对：刘　钰　赵　颖

风景园林理论与实践系列丛书
北京林业大学园林学院　主编
北京公共园林的发展与演变
王丹丹　著
*
中国建筑工业出版社出版、发行（北京西郊百万庄）
各地新华书店、建筑书店经销
北京锋尚制版有限公司制版
北京云浩印刷有限责任公司印刷
*
开本：880×1230毫米　1/32　印张：6½　字数：213千字
2016年5月第一版　2016年5月第一次印刷
定价：35.00元
ISBN 978－7－112－19095－9
（28143）

学到广深时，天必奖辛勤

——挚贺风景园林学科博士论文选集出版

人生学无止境，却有成长过程的节点。博士生毕业论文是一个阶段性的重要节点。不仅是毕业与否的问题，而且通过毕业答辩决定是否授予博士学位。而今出版的论文集是博士答辩后的成果，都是专利性的学术成果，实在宝贵，所以首先要对论文作者们和指导博士毕业论文的导师们，以及完成此书的全体工作人员表示诚挚的祝贺和衷心的感谢。前几年我门下的博士毕业生就建议将他们的论文出专集，由于知行合一之难点未突破而只停留在理想阶段。此书则知行合一地付梓出版，值得庆贺。

以往都用“十年寒窗”比喻学生学习艰苦。可是作为博士生，学习时间接近二十年了。小学全面启蒙，中学打下综合的科学基础，大学本科打下专业全面、系统、扎实的基础，攻读硕士学位培养了学科专题科学研究的基础，而博士学位学习是在博大的科学基础上寻求专题精深。我唯恐“博大精深”评价太高，因为尚处于学习的最后阶段，博士后属于工作站的性质。所以我作序的题目是有所抑制的“学到广深时，天必奖辛勤”，就是自然要受到人们的褒奖和深谢他们的辛勤。

“广”是学习的境界，而不仅是数量的统计。1951 年汪菊渊、吴良镛两位前辈创立学科时汇集了生物学、观赏园艺学、建筑学和美学多学科的优秀师资对学生进行了综合、全面系统的本科教育。这是可持续的、根本性的“广”，是由风景园林学科特色与生俱来的。就东西方的文化分野和古今的时域而言，基本是东方的、中国的、古代传统的。汪菊渊先生和周维权先生奠定了中国园林史的全面基石。虽也有西方园林史的内容，但缺少亲身体验的机会，因而对西方园林传授相对要弱些。伴随改革开放，我们公派了骨干师资到欧洲攻读博士学位。王向荣教授在德国荣获博士学位，回国工作后带动更多的青年教师留学、进修和考察，这样学科的广度在中西的经纬方面有了很大发展。硕士生增加了欧洲园林的教学实习。西方哲学、建筑学、观赏园艺学、美学和管理学都不同程度地纳入博士毕业论文中。水源的源头多了，水流自然就宽广绵长了。充分发挥中国传统文化包容的特色，化西为中，以中为体，以外为用。中西园林各有千秋。对于学科的认识西比中更广一些，西方园林除一方风水的自然因素外，是由城市规划学发展而来的风景园林学。中国则相对有独立发展的体系，基于导师引进西方园林的推动和影响，博士论文的内容从研究传统名园名景扩展到城规所属城市基础设施的内容，拉近了学科与现代社会生活的距离。诸如《城市规划区绿地系统规划》、《基于绿色基础理论的村镇绿地系统规划研究》、《盐水湿地“生物—生态”景观修复设计》、《基于自然进程的城市水空间整治研究》、《留存乡愁——风景园林的场所策略》、《建筑遗产的环境设计研究》、《现代城市景观基础建设理论与实践》、《从风景园到园林城市》、《乡村景观在风景园林规划与设计中的意义》、《城市公园绿地用水的可持续发展设计理论与方法》、《城市边缘区绿地空间的景观生态规划设计》、《森林资源评估在中国传统木结构建筑修复中的应用》等。从广度言，显然从园林扩展到园林城市乃至大地景物。唯一不足是论题文字繁琐，没有言简意赅地表达。

学问广是深的基础，但广不直接等于深。以上论文的深度表现在历史文献的收集和研究、理出研究内容和方法的逻辑性框架、论述中西历史经验、归纳现时我国的现状成就与不足、提出解决实际问题的策略和途径。鉴于学科是研究空间环境形象的，所以都以图纸和照片印证观点，使人得到从立意构思到通过意匠创造出生动的形象。这是有所创造的，应充分肯定。城市绿地系统规划深入到城市间空白中间层次规划，即从城市发展到城市群去策划绿地。而且城市扩展到村镇绿地系统规划。进一步而言，研究城乡各类型土地资源的利用和改造。含城市水空间、盐水湿地、建筑遗产的环境、城市基础设施用地、乡村景观等。广中有深，深中有广。学到广深时是数十年学科教育的积淀，是几代师生员工共铸的成果。

反映传承和创新中国风景园林传统文化艺术内容的博士论文诸如《景以境出，因借体宜——风景园林规划设计精髓》是吸收、消化后用学生自己的语言总结的传统理论。通过说文解字深探词义、归纳手法、调查研究和投入社会设计实践来探讨这一精髓。《乡村景观在风景园林规划与设计中的意义》从山水画、古园中的乡村景观并结合绍兴水渠滨水绿地等作了中西合璧的研究。《基于自然进程的城市水空间研究》把道法自然落实到自然适应论、自然生态与城市建设、水域自然化，从而得出流域与城市水系结构、水的自然循环和湖泊自然演化诸多的、有所创新的论证。《江南古典园林植物景观地域性特色研究》发挥了从观赏园艺学研究园林设计学的优势。从史出论，别开蹊径，挖掘魏晋建康植物景观格局图、南宋临安皇家园林中之梅堂、元代南村别墅、明清八景文化中与论题相符的内容和“松下焚香、竹间拨阮”、“春涨流江”等文化内容。一些似曾相见又不曾相见的史实。

为本书写序对我是很好的学习。以往我都局限于指导自己的博士生，而这套书现收集的文章是其他导师指导的论文。不了解就没有发言权，评价文章难在掌握分寸，也就是“度”、火候。艺术最难是火候，希望在这方面得到大家的帮助。致力于本书的人已圆满地完成了任务，希望得到广大读者的支持。广无边、深无崖，敬希不吝批评指正，是所至盼。

孟兆祯

2015 年 1 月

前　言

关于中国古代园林史的研究已经取得了丰硕的成果，从中不难发现研究重点大多围绕主流园林，即皇家园林、私家园林、寺观园林等，作为当时非主流的公共园林并没有专项研究。北京作为历史古都，曾是辽、金、元、明、清的都城，有着3000多年建城史和800多年建都史，历史上，在北京城内、城外均出现过具有公共游览功能的园林，供百姓游览。并且这些具有优美自然风光和蕴含深厚人文内涵的公共园林共同构成了北京城市重要的历史文化遗产，不仅对改善城市环境起着重要作用，而且对后世城市公共园林的建设、传承北京文化和北京精神以及城市公共空间的塑造和市民文化生活的提升均具有不可估量的价值。

鉴于公共园林在城市中的地位和作用越来越显著，本书以北京公共园林的发展和演变为立足点进行研究，希望可以为北京园林历史研究作出有益补充，并对今后北京园林的建设有一定的参考价值，这便是本书写作的初衷。

需要说明的是， 由于知识和经验有限，论文不免有待推敲之处，希望在以后研究过程中进一步完善总结。

目 录

第1章

绪论

1.1 研究背景

中国古代园林源远流长，博大精深，自有文献记载的殷周开始，中国园林艺术已有2000多年的历史，形成了独特的中国园林体系，在世界园林史上占有重要的地位，并对东西方各国均产生重要影响。

中国古代园林体系完整、类型丰富，如果按照园林的隶属关系划分，中国园林可分为皇家园林、私家园林、寺观园林等主流类型园林以及公共园林等非主流类型园林。其中皇家园林属于皇帝个人和皇室所私有；私家园林属于民间的贵族、官僚、缙绅所私有；寺观园林即佛寺和道观的附属园林；[1]相比较而言，公共园林则有着更加广泛的服务群体。纵观中国古代园林史的发展脉络可见，作为主流的皇家园林、私家园林、寺观园林由于出现时间早，体系相对完整，文献记载较多等原因，一直是后世研究的重点，并取得了丰硕的成果。而从园林的公共性来看，无论是皇家园林还是私家园林，也都在某种程度上表现出了明确的公共性和开放性特征，而且大多数园林都有定期对外开放的习俗。[2]

直到公共园林的出现，园林才从根本上摆脱了“私有制”的束缚，而且绝大多数都没有墙垣的限制，呈开放的、外向型的布局。公共园林是为多数人服务的，在古代城市建设过程中，一些著名的公共游览地成为当时老百姓游览和活动的重要场所。公共园林的发展，对于塑造城市空间和丰富市民文化生活均有极为重要的意义。[3]古代城市中典型的公共园林对城市的发展影响至深，如杭州西湖、北京什刹海、济南大明湖等等，均影响当代城市公共空间的发展。

另外，随着“城市化”的进程不断加快，大量人口涌入城市，导致城市迅速扩张。昔日传统的城市格局和用地结构也随之发生巨大的变化，公共园林在城市中的区位也随之变化，一些曾经位于城市近郊或远郊的公共游览地，如今成为城市的核心地段，而那些具有优美自然风光和蕴含深厚人文内涵的公共园林便成为城市重要的历史文化遗产，公共园林在城市中的地位和作用也越来越显著，与城市公共空间和社会生活的联系也越来越紧密。

北京作为历史古都，曾是辽、金、元、明、清的都城，有着3000多年建城史和800多年建都史，关于北京园林的研究著作更是不胜枚举。北京皇家园林的历史，跨越了中国整个封建社会，是人类重要的文化遗产，学者们的研究大多围绕其进行论述；此外，关于私家园林的研究专著，清华大学的贾珺教授编著的《北京私家园林志》(2009)，内容翔实，对北京私家园林的历史源流进行了系统梳理，并对北京现存的私家园林进行了大量的实地考察。关于北京的寺观园林、祭坛园林等领域的研究均有大量论述和专著。但在北京园林历史中关于公共园林的研究，虽在一些园林史籍中略有涉及，但并未形成较为系统翔实的理论专著。

历史上，在北京城内、城外均出现过具备公共游览功能、供百姓游览的园林。这些具有优美自然风光和蕴含深厚人文内涵的公共园林与其他类型园林一起共同构成了北京城市重要的历史文化遗产，对北京城市公共空间的塑造和市民文化生活水平的提升等方面均有极为深远的意义。然而纵观中国古代园林的发展历程，无论何种园林类型，随着社会的发展，园林的公共性都在逐步提升。特别是到了近代，在西方民主进步思想的影响下，朱启钤倡导了“公园开放运动”，以中央公园为首的帝王宫苑、王府花园、寺观坛庙相继开放，成为大众园林。因此，重新认知中国古代园林中的公共园林，有着极其深远的意义。

1.2 相关研究综述

1.2.1 北京城市的相关研究

有关北京的历代文献中，研究北京城市和城市生活的较多，如下：

(明) 刘侗，于奕正所著的《帝京景物略》。该书集历史地理、文化和文学著作三者于一体。书中对明代北京城内的风景名胜、风俗民情有着详细的记载，是难得的都市资料；此外，书中还对当时北京的园林文化、民俗以及外国宗教在北京城的传播情况等，都进行了较为具体的描述。

(清) 于敏中等编纂的《钦定日下旧闻考》。该书参阅了古籍文献近2000余种，收集并保存了大量的北京史志，尤其对清代顺治、康熙、雍正、乾隆四朝的中央机关及顺天府、宫室、苑囿、寺庙、园林、山水、古迹诸方面的建置、沿革情况以及现状的原始资料都进行系统的整编，具有极高的历史价值和学术价值。其次，在该书中还可以看到乾隆初期、中期北京建筑的情况和康熙中期以来北京城市的变化等。

(清) 陈宗蕃编著的《燕都丛考》。书中记述了北京城区内宫殿苑囿、坛庙衙署的建置沿革，重点记述了近4000条街巷胡同的变迁，包括它们的名称、位置，以及这些胡同中重要的衙署、王府、名人故居、祠庙、会馆、古迹和有关的逸闻掌故等。

（清）震钧所著的《天咫偶闻》。全书共10卷，记述了北京的历史掌故，是具有较高史料价值的地方历史文献。

（清）富察敦崇所著的《燕京岁时记》、潘荣陛所著的《帝京岁时纪胜》两部书中，有关厂甸、隆福寺、花市、什刹海、钓鱼台等市场和名胜古迹的记载，是研究北京历史的重要参考资料，尤其对研究北京过去的风物有一定的参考价值。

（民国）汤用彬等编著的《旧都文物略》对北京的文物及城市发展史有较高的参考价值。

新中国成立后，对北京城市的研究，突出表现在历史地理学领域，侯仁之先生围绕古代北京的地理环境、北京城的起源和城址变迁、北京城历代水源的开辟、古都北京的城市格局与规划设计等方面，写了大量的文章。如《北京城市历史地理》（2000年）是一部从历史地理学的角度系统研究北京城的著作。《北京城的生命印记》（2009年）从河湖水系和地理环境入手，系统地揭示了北京城起源、形成、发展、城址转移的过程。《北京城的起源和变迁》（2001年）以明快的文字、全新的视角对北京的历史文化和当前建设作专题介绍，力求科学而通俗，全面而又有所侧重。这些专题包括北京的历史、城建、经济、科学教育、文化艺术、民族、宗教、文物古迹和社会生活等各个方面。有助于多方面了解北京的历史与今天，思考和探索北京的未来。

北京专史方面，北京市社会科学研究所编的《北京史苑》（1983年），曹子西主编的《北京通史》（1994年），尹钧科先生撰写的《北京建置沿革史》（2008年），吴建雍等人合写的《北京城市生活史》（1997年），《北京城市发展史》（2008年），等等，这些专史的问世把北京历史文化的研究逐步引向深入。在北京市社科院组织编写的《北京专史集成》中，包括36部专门史，其中涉及的政治、经济、文化、水利、宗教、城市发展、园林、城市生活、环境变迁、名胜等均对本书写作有一定参考价值。还有于德源编著的《北京史通论》（2008年）、张仁忠编著的《北京史：插图版》（2009年）、王岗编著的《古都北京》（2011年）、佟洵《北京地方史概要》（2002年）等。

北京城市规划和管理方面，陈高华所著的《元大都》（1982年），于杰、于光度所著的《金中都》（1989年），贺业钜所著的《中国古代城市规划史》（1996年），董光器编著的《北京规划战略思考》（1998年），尹钧科等所著的《古代北京城市管理》（2002年）较全面系统地论述了古代北京城市管理的体制、制度、法规、措施、效果及其经验教训等。朱祖希编著的《营国匠意——古都北京的规划建设及其文化渊源》（2007年），刘欣葵等编著的《首都体制下的北京规划建设管理》（2009年）重点对新中国成立60年来北京6次城市总体规划的制定过程、主要内容和实施管理进行了客观的描述，强调了发展脉络的连续性、规划体系的完整性和管理制度的沿革性。论文方面，有彭兴业所著的《首都城市功能研究》（2000年）、诸葛净所著的《辽金元时期北京城市研究》（2005年）、王亚南所著的《1900～1949年北京的城市规划与建设研究》（2005年）、苏钠所著的《近代北京城市空间形态演变研究（1900～1949年）》（2009年）等。

北京城市水利方面，有北京市地方志编纂委员会编著的《北京志·市政卷·水利志》（2000年），蔡蕃编著的《北京古运河与城市供水研究》（1987年），刘广书主编的《水和北京·永定河》（2004年），尹均科所著的《历史上的永定河与北京》（2005年），另外，在近些年的学位论文中也有多篇反映北京城市水系相关研究的，如赵宁所著的《北京城市运河、水系演变的历史研究》（2004年）等。

在北京的民俗文化和城市生活等方面也有很多文献专著，北京市文物研究所编著的《北京历史文化论丛》（2010年）共收录研究论文24篇，考古报告或简报15篇。这些文章涉及的时代，上起旧石器时代，中经汉唐，下迄明清。其中既有对新中国成立60年来北京地区考古成果的总结和对地下文物保护工作与实践的探讨，又有结合考古发掘材料，从不同侧面对北京地区的历史文化进行的重新审视，也有一部分是对不同历史朝代北京的政治、经济文化所作的宏观研究。在历史文化角度，有高巍、孙建华等所著的《燕京八景》（2002年），罗哲文等所著的《北京历史文化》（2004年），朱耀廷主编的《北京文化史研究》（2008年）。另外，刘洋编著了《北京西城历史文化概要》（2010年），西城区是北京建城、建都的肇始之地，历史上曾是古蓟城、唐幽州、辽南京、金中都的核心地带，元、明、清三朝古都的西半部，历史文化遗存十分丰富。刘勇编著的《北京历史文化十五讲》一书从建筑、文学、艺术、人物等方面介绍了古都北京的历史渊源和文化传承，并深入到日常生活，把握城与人的关系及其特质，配以精美图片，全面展现了北京的非凡魅力。

1.2.2 北京园林的相关研究

在中国园林史的研究领域，前人已经做了大量的研究工作。

20世纪80年代以来，陈植的《中国造园史》（1988年）、张家骥所著的《中国造园史》（1990年）、安怀起编著的《中国园林史》（1991年）、周维权编著的《中国古典园林史》（1999年）、徐建融所著的《中国园林史话》（2002年）、汪菊渊先生的遗著《中国古代园林史》（2006年）等专著中，均有关于北京园林历史的介绍。

具体的有关北京园林的研究专著，有金受申的《北京历史上平民游赏地纪略》（1935年）、陈文良等编著的《北京名园趣谈》（1983年）、赵光华所著的《北京地区园林史略》（1985年）、林宏编著的《北京的园林》（1990年）、赵兴华所著的《京华园林寻踪》（1999年）、北京市地方志编纂委员会编著的《北京志・市政卷・园林绿化志》（2000年）等。赵兴华编著的《北京园林史话》（2000年）一书中梳理了有关北京园林发展的历程，比较详尽地记载了北京地区从战国时代台观宫苑，到元、明、清历代园林发展的历史，对研究北京园林发展的历史和北京园林的建设有参考价值。朱祖希所著的《园林北京》（2007年）从中国园林的规划意匠、造园艺术特点等出发，揭示了园林与北京城血肉相连的密切关系，探索它们的历史演进和文化渊源，内容包括园林北京漫说和北京著名园林赏析两部分。目的是让读者能更好地观赏、领略北京园林的真谛，了解新修复的一些历史遗迹景观的现实意义，从而更加热爱北京。另外，王炜，闫虹编著的《老北京公园开放记》（2008年）、贾珺编著的《北京私家园林志》（2009年）、陈义风所著的《当代北京公园史话》（2010年）等著作都对本书的写作有很大启发。

北京的历史，上下三千年，漫长悠久，积淀深厚，有丰富的遗迹、文物、文献见证。而古地图是一类最形象、最直观记录北京城市发展的独特史料。我们的祖先非常重视地图的作用，自古就有“左图右书”之说，认为“图乃书之祖也……是知图者形也，书者文也。形位而后文附之，此图书先后之次第也”（《雍正完县志・图考》）。无论是反映现实，还是回顾历史，古地图都是我们寻觅一座古城的一条独特、有趣的途径。用地理学的视角看城市，城市就是一种空间表象，一种反映人文景观乃至部分自然景观在空间布局上的映像，地图被称为地理学的第二语言，其优势就在于可以揭示地理事物的空间表象。因此，地图也就理所当然地成为表现城市空间布局的最佳文献语言，而按时间顺序排列的一个城市的地图集合体，则可以成为述说一个城市发展历史的最佳文献之一。[4]

1.3 概念释义

1.3.1 园林

园林是为了补偿人们与自然环境的相对隔离而人为创设的“第二自然”。它不能提供给人们维持生命活力的物质，但在一定程度上能够代替自然环境来满足人们的生理和心理方面的各种需求。[5]

园林与一定历史阶段的政治、经济、文化背景相关，而且绝大多数为统治阶级服务，具有阶级性。封闭、内向型的园林是主流，早期并未体现综合的社会效益和环境效益。

1.3.2 公共园林

中国古代园林中的公共园林，多见于一些经济发达、文化繁荣地区的城镇、村落，为居民提供公共交往、游憩的场所，有的还与商业活动相结合。一般由地方官府出面策划，或为缙绅出资赞助的公益性质的善举，多半是利用河、湖、水系，再稍加园林化的处理，或者是城市街道的绿化，或者因就于名胜、古迹而稍加整治、改造。与其他园林类型的建制采用封闭的、内向的布局不一样，公共园林绝大多数都没有城垣的限制，呈开放的、外向型的布局。诸如此类的非主流的园林，其数量并不亚于主流园林。但作为园林类型而言，其本身尚未完全成熟，还不具备明显的类型特征。[6]以上便是周维权先生在《中国古典园林史》一书中关于公共园林的阐述。

赵兴华先生编著的《北京园林史话》中对公共游豫园林（即公共园林）的定义是：具有优美的自然风貌，经世代逐渐开发建设而成的拥有大量著名的旅游点，并带有公共性质的游憩场所。其特点是：首先，公共游豫园林大多处于城市近旁景色优美、交通便捷之地段；其次，规模较大，内容广泛，寺庙宫观、商市瓦肆散布其间；再次，以自然山水为基础，仅于适当地段稍事修整，缀以若干个人工景点；还有一特点是，历代经营开发，人文景观丰富，一园之内常具有不同时代、不同艺术风格的景点。[7]

上述关于公共园林的诠释，说明公共园林是一定社会政治、经济、文化的综合反映。而历代大规模的公共园林建设在推动城镇、村落发展的同时，积淀了丰富的人文景观。

本书将结合北京公共园林的发展与演变，广泛搜集相关历史文献资料，考察北京公共园林历史发展情况，同时从园林公共性的角度对历史上的皇家、私家、寺观坛庙等的公共化转型进行探讨，力求说明公共园林的主流化，并对公共园林的发展演变与当代城市空间和社会生活的互动及影响进行讨论。城市中的公共园林是城市公共空间的一部分，是城市社会生活的主要场所和公共活动发生的载体，折射出城市生活的方方面面。

第2章

国内外公共园林的发展历程

各个国家和地区的政治、经济、文化背景均与园林的发展密切相关，并对园林类型的特点、内容和形式产生重要影响。历史上的公共园林是现代城市公园产生的基础。下面分别对国内、国外的公共园林的发展历程进行回顾，梳理出公共园林在不同文化体系和不同时期的发展情况。

2.1 中国古代公共园林的发展历程

中国古代园林的历史大致可以分为四个阶段，即作为生成阶段的商周先秦时期、作为转折阶段的魏晋南北朝时期、全盛阶段的隋唐时期和成熟阶段的宋、元、明、清时期。而从上述几个阶段中追溯与公共游览、公共园林相关的内容，发现在中国古代最早涉及与公共游览相关内容的是2000多年前的《诗经》，其中有多篇文章中有关于公共游览的描写。可见，在中国古代，公共性游豫园在春秋时期就已出现。如在《溱洧》中就描写了在上巳节里（即农历三月上旬的巳日，魏以后定为农历三月初三日），男男女女踏青游憩活动的热烈场景。通过上述分析，我们可以将早期的这些公共游览和游憩活动视作我国古代公共游览的开端。[1]我们的祖先曾经创造了极其辉煌的古代园林，多种类型的园林形式共同构成了我国园林史上丰富的园林艺术遗产。作为中国古代园林的第四种类型——公共园林不同于皇家、私家、寺观园林，其更加注重园林的人民性、艺术性和功能性的有机统一，向公众开放、为公众服务，除了具有显著改善生态环境效益的作用外，还为市民提供了公共游憩和交往活动的场所。在突出公共性、开放性、大众性的同时，覆盖了更多的社会群体，有群众基础广泛和公众参与的特点。

中国古代的公共园林，最早出现在南北朝时期（如洛阳龙门、绍兴兰亭等），唐时州府多有开发，宋时达到高潮，明清几近于普及，县邑之八景、十景，皆此时命名。邑郊风景园林，唐宋以后与私家园林并行发展，而它的性质则与现代的城市公园或城市近郊的风景名胜相似，但它是全开放性的，不收门票；利用邑郊山水胜地，结合民众崇拜的佛寺、道观或历史名人遗迹开发建设。邑郊风景园林中有皇家主持修建的，如长安曲江池、洛阳龙门；也有州府之地，州官主持倡议开发，如杭州西湖、扬州蜀岗等。中国古代知名的邑郊风景园林甚多，说明邑郊风景园林在我国历史悠久，遍布全国各地，与城市居民的社会生活关系密切。这是中国古代社会特有的一种公共性质的园林。如果说为城市居民服务的现代城市公园始于西方现代工业社会的19世纪之初，而中国早在6～7世纪就有了这种公共游览性质的邑郊风景园林。[2]

2.1.1　先秦时期

我国园林的兴建，是从奴隶制社会经济已相当发达的商殷时期开始的。最初园林的形式是囿，如西周灵囿、灵台、灵沼；还有方国之侯也可有囿。先秦时期，在城门外、水系旁，人们就自发构建了供交往、游憩娱乐的休闲空间，在《诗经·郑风》《诗经·陈风》等中均对公共园林有所描述，当时的公共园林中栽植栗树、白榆、白杨等，绿化良好、空间开敞，树下纳凉、男女相会、唱歌舞蹈是当时常见的活动。《诗经·鸿雁之什·鹤鸣》中的“鹤鸣于九皋，声闻于天。鱼在于渚，或潜在渊。乐彼之园，爰有树檀，其下维萚。他山之石，可以攻玉”是对水系旁的公共园林较为完整的描述。

先秦时习俗约定，在上巳节到水边用洗涤的方式洗去病气，以求得子。又《周礼·地官》媒氏录“媒氏（即媒官）掌万民之判（配合）。……仲春之月，令会男女，于是时也，奔者不禁；若无故而不用令者罚之，司男女之无夫家者而会之”，久而久之，相沿成俗，为拔除病气以求得子而到水边洗澡，男女到水边相会，水边就成了上巳节人们的行乐之地。总之，农历三月上巳，祭祀、求子、祓禊、男女相会、遨游、戏谑唱歌、浮卵、浮枣、曲水流觞，这一系列活动都是古人生活变化而演生成的礼俗。[3]《诗经·国风》中就有许多诗歌讲到男女在水边相会和游乐，我国的一些风景游览胜地就是随着类似的这种社会生活的变化和民俗民风的约定，而逐渐形成的。[4]

2.1.2　魏晋南北朝时期

魏晋南北朝被称作中国古代园林发展的重要转折期，当时社会动荡，儒、道、释、玄诸家争鸣，彼此阐发，思想活跃。而思想领域的解放必定会对其他领域产生重要影响，表现在园林领域就是此时中国古代园林体系三大类型的确立。而在这个中国古代园林发展史上的一个承上启下的转折阶段，产生了公共园林的萌芽，并诞生了早期公共园林的雏形。

1．早期的公共园林

魏晋南北朝时期，思想领域里产生的玄学，重新唤醒了哲学上理性的思辨，成为大多数门阀士族地主阶级的世界观和人生观。受其影响，追求人性的觉醒成为这一时期反映在文学、艺术和美学思潮上的基本特征；崇尚自然的玄言诗演变成山水诗，促进了山水文学和山水画的产生和发展，这些都对当时的园林创作产生了深刻的影响。此时出现的以再现自然山水为主题、用写实的手法营造林泉之致、寄情山水而寻求真趣的自然山水园，奠定了以后中国山水园历史发展过程中艺术风格的基础。随着佛教的广泛流传和道教的发展，宗教建筑大兴，贵族中“舍宅为寺”的风气也颇为盛行。于是，城市里佛寺道观林立，或寺庙附属有庭园，或直接将寺庙营建于风景优美的名山胜地。它们不仅是信徒们朝拜供奉的圣土，也是平民百姓借以游览山水和社交玩乐的胜地。“天下名山僧占多”的传统，就从此朝开始形成。东晋以后，或为了发展庄园经济而经营山川，或为了隐居讲学而探胜寻幽，士族阶层里游历山水成风。南朝时，一些名山胜地不仅多寺庙，还有书院、学馆、精舍，以及山居、别业等，其中多为开放的公共园林。

2．公共园林的雏形

魏晋南北朝开放的社会风气与出游风尚使得城市近郊风景游览地迅速兴盛，体现出早期公共园林的性质，在汉代本是驿站建筑的“亭”，逐渐演变为一种风景建筑，出现在城市近郊风景游览地，为人们游览聚会提供了遮风避雨、稍事坐憩的场所。亭简洁空灵的形象与“虚空”的空间本质特征，正与魏晋士人崇尚洗练的审美意趣相契合，能充分实现人与自然环境的互融，并与周围环境相互吸纳、映照，故而成为中国古代最重要的景观建筑类型之一，并迅速转化为公共园林的代称。会稽近郊的兰亭之会就是著名实例。以兰亭为代表的中国古代风景名胜地，不仅仅以优美的自然环境著称，其负载的文化底蕴更在历史的演进中不断衍生而趋于丰厚。这种自然美与人文内涵的共生是中国古代公共园林的一大特征。[5]

以亭为中心、因亭而成景的公共园林有很多见于文献记载，“亭”成为公共园林的代称，作为首次见于文献记载的公共园林——兰亭则是典型一例。《兰亭集序》中有曲水流觞的修禊活动，“曲水流觞”是上巳节中派生出来的一种习俗（图2-1）。另外，王羲之的《兰亭集序》对城市建筑的自然主义创作思想也有深刻影响。受古代“天人合一”思想的影响，要求城市建设在借鉴利用自然中达到一种精神享受；在“一觞一咏”之间“仰观宇

图 2-1 兰亭修禊（图片来源：网络）

宙之大，俯察品类之盛"，体会到"与天地万物上下同流"的胸次悠然。"曲水流觞"影响了历代的城市规划。因此说，哲理思想影响后世的城市规划。

2.1.3　隋唐时期

从城市背景来看，隋唐时期的城市处于大发展阶段。而此时的园林，也在魏晋南北朝的基础上，随着当时政治、经济、文化的全面发展而呈现出全盛局面。大兴城（长安城）出于解决城市供水的问题，先后开凿了龙首渠、永安渠、清明渠、曲江池，并将这四条水道（渠）引入城内。水道的开凿在解决城市供水的同时，也为当时的风景园林建设提供了优越的条件，形成了系统化的长安城市山水景观格局。

承接魏晋南北朝时期名士"兰亭之会"的公共园林雏形，伴随山水风景的开发，隋唐时期的造园活动全面发展。此时，园林化的公共游览地和邑郊公共园林的数量和分布均有显著增加，园林的普遍发展带动了该时期公共园林的建设进程，在唐长安城附近分布着很多公共游览的场地。公共园林的建设达到了第一个高峰。此时的长安城内因公众游览、游园赏花、禊赏活动而呈现一派繁荣景象。这些活动的发生地大多集中在城南曲江池的芙蓉园一带，还有杏园、曲江池以及乐游原等景区。园林的繁荣是一个国家和一个地区政治稳定、经济腾飞、文化进步的表现，此时的长安城对城市的绿化建设也格外重视。这说明此时已关注公共园林与城市规划的关系，作为国际开放的大都市，其绿化建设的影响甚至波及国外。

“龙门苍岩凿佛窟，洛阳花柳共赏春”。由于佛寺众多，山水佳丽，唐时龙门成了皇室和官宦文人、都城士庶的游览胜地。韦应物在《题香山寺》一诗中，描写了都人士庶游龙门的情景。白居易于大和六年（832年）重修香山寺，后又疏浚河道，开龙门八节滩，以利通舟。“曲江池畔丽人行，长安都人共皇恩”说明当时政治稳定、经济发达、园林兴盛。白居易在江州、忠州、杭州、苏州和洛阳任职期间，都曾有营修邑郊风景园林的政绩。营修邑郊风景园林是环境美化和社会文化建设的治政之道。“太守捐俸买花树，与民共建东坡园”是指白居易为忠州老百姓兴建了为州民游赏之用的邑郊园林——东坡园，为百姓改善生活环境。白居易在忠州为庶民营建园林，对后世士人影响深远。

1．城市的公共园林

唐代是我国封建社会的全盛期，其园林艺术较之魏晋南北朝时期更加兴盛，除作为园林主体的皇家、私家、寺庙园林，建设公共园林游览的情况更为普遍。随着山水风景的开发，在一些自然风景优美的地段点缀用于观赏远眺的景亭、台榭，或以亭为中心、以阁亭而成景的邑郊公共园林有很多见于文献记载。

对于当时规模最大，并且政治、经济和文化都十分发达的大城市长安来说，与公共园林相关的文献记载已比上一个阶段更为翔实。按照空间分布来说，分布在长安城内的城市型公共园林是当时公共园林的主体，有利用城南的一些坊里的冈阜，如乐游原；也有利用城市建设开发的水渠两岸进一步开创的游览地带。著名的曲江池就是典型（图2-2）。此外，还有少数分布于城市近郊一带的公共园林。

城南的乐游原，地势高爽、境界开阔，佛寺点缀其间，颇具人文魅力，绿化效果尤为显著。寺观宗教的世俗化在此进一步推动了寺观园林的普遍发展，分布在城市中的寺观园林成为城市居民公共活动和交往的中心场所，因此，可以说寺观园林在此时更多地发挥了城市公共园林的职能。在乐游原的青龙寺，求法的中外僧俗信徒络绎不绝，使乐游原成为一处以佛寺为中心的公共游览胜地。许多文人墨客都在此留下他们的游踪和诗文吟咏，如白居易的《登乐游原望》“独上乐游原，四望天日曛。东北何霭霭，宫阙入烟云。爱此高处立，忽如遗垢氛。耳目暂清旷，怀抱郁不伸。下视十二街，绿树间红尘。车马徒满眼，不见心所亲。孔生死洛阳，元九谪荆门。可怜南北路，高盖者何人”，描写了从乐游原俯视城市的景象，通过强调城市的空间结构，丰富了城市天

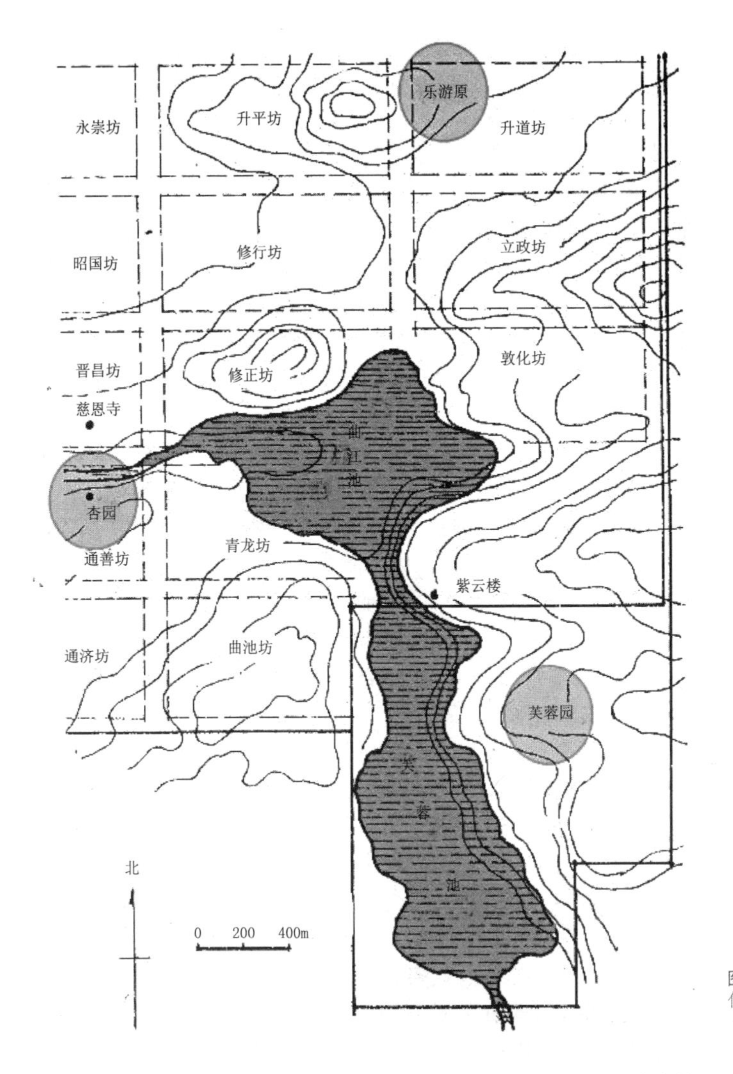

图 2-2 唐长安曲江池位置图（图片来源：《中国古典园林史》）

际线，也强化了城市的景观层次，体现了中国传统的山水城市的规划理念。[6]刘德仁的《乐游原春望》“乐游原上望，望尽帝城春……始觉繁华地，应无不醉人。云开双阙丽，柳映九衢新。爱此偏高野，闲来竟日频。”李商隐的《乐游原》“向晚意不适，驱车登古原。夕阳无限好，只是近黄昏”。[7]这些传唱千古的名篇正是在诗人登高览胜时发出的人生感慨。

曲江池是经宇文恺详细勘测附近地形后，通过人工开凿挖渠将义谷水引入曲江池形成的一处大型的公共园林。作为御苑，曲江池有内苑、外苑之分。内苑是皇家宫苑、外苑是长安市民主要的公共游乐地。曲江池驳岸曲折优美，环池楼台参差，林木蓊郁。池北岸高地是观景佳处，北望全城历历在目，宫阙的壮丽侧影尽收眼底；南望则一带郊原，远及南山。每逢上巳节，按照古代修禊的习俗，皇帝必率嫔妃到曲江池游玩并赐百官，平民则熙来攘往，洋溢着自然和煦的生气。曲江池还以"曲江池宴"而闻名，每年春天新科及第的进士在此设宴，百姓竞相观看，热闹非常。曲江池是世俗文化、人文底蕴与自然环境完美结合的公共园林经典范例。[8]杏园在慈恩寺之南，相距一坊之地，紧邻外城郭的南垣。园内以栽植杏花而闻名于京城。早春时节，杏花盛开，是曲江池游人的必到之处，也是文人墨客常去聚会的地方。新科进士庆贺及第的"探花宴"亦设在杏园内，谓之"杏园宴"。曲江池是公共游览胜地，康骈《剧谈路》中有一段文字："花卉环周，烟水明媚。都人游玩，盛于中和上巳之节，彩䑽翠帱，匝于堤岸，……每岁倾动皇州，以为盛观。入夏则菰蒲葱翠，柳荫四合，碧波红蕖，湛然可爱"[9]对曲江池的游览盛况及夏季景观给予生动的描绘。关于曲江池的风景吟咏在唐诗中出现较多，如，卢纶：《曲江池春望》；杜甫：《曲江池二首》之二；韩愈：《同水部张员外籍曲江池春游寄白二十二舍人》。曲江池游人最多的日子是每年的上巳节、重阳节（农历九月九日）以及每月的晦日（月末日），"曲江池畔丽人行，长安都人共皇恩"，[9]清人徐松《唐两京城坊考》中说："花卉周环，烟水明媚，都人游赏，盛于中和（农历二月二日）、上巳"，刘禹锡有《曲江池春望》诗，描写其为："三春车马客，一代繁华地"。可见都人游览是在整个春游季节。王维的《三月三日曲江池侍宴应制》曾对曲江池暮春初夏之胜景做过精彩的描绘："穿花蛱蝶深深见，点水蜻蜓款款飞，桃花细逐杨花落，黄鸟时兼白鸟飞。"每年"上巳"和"中元"（农历七月十五日）以及重阳佳节和每月晦日，曲江池最热闹。真是车马彩装，笙歌画舟，樽壶酒浆，欢声倾动，盛况空前。兼有为市民公共游览提供场地的功能，这是以往历朝历代不曾出现过的，因此具有划时代的意义。这可以从侧面反映出大唐盛世下政治稳定，百姓安居乐业，经济繁荣发达的社会局面。

长安城的街道绿化由于官府重视而十分出色。在某种程度上也发挥着公共园林的作用。街道的行道树以槐树为主，公共游息地则多种榆、柳，任意侵占而破坏街道绿地的行为是官府明令禁止的。"行行避叶，步步看花"，街道绿化对城市环境的美化也起到了很大的作用。

2．城郊的公共园林

除了作为主体的城市公共园林，在长安城近郊一带（图2-3），往往利用河滨水畔风景佳丽的地段，略施园林化的点染，而赋予其公共园林的性质，如灞河上的灞桥，当时就发挥着公共园林的作用。另外，也有在前代遗留下来的古迹上开辟为公共游览地的情况，昆明池便是一例。昆明池原为西汉上林苑内的大型水池，保留其水面及池中的孤岛，经过不断地疏浚、整治、绿化，遂成为长安近郊一处著名的公共游览地，以池上莲花之盛而饮誉京城，城中居民和皇帝常到此游玩。

唐代的文人非常热衷于造园，尤其在担任地方官期间，大都利用职务之便，广泛地开辟自然山水为公共园林，这是在政权巩固、社会安定的背景下为老百姓谋福利，并将其作为一项政治活动的举措。在历代西湖的开发和治理中，苏轼、白居易都在担任杭州州官期间，为西湖的开发建设做出了巨大的贡献。苏轼在

图 2-3 唐长安近郊平面图（图片来源：《中国古典园林史》）

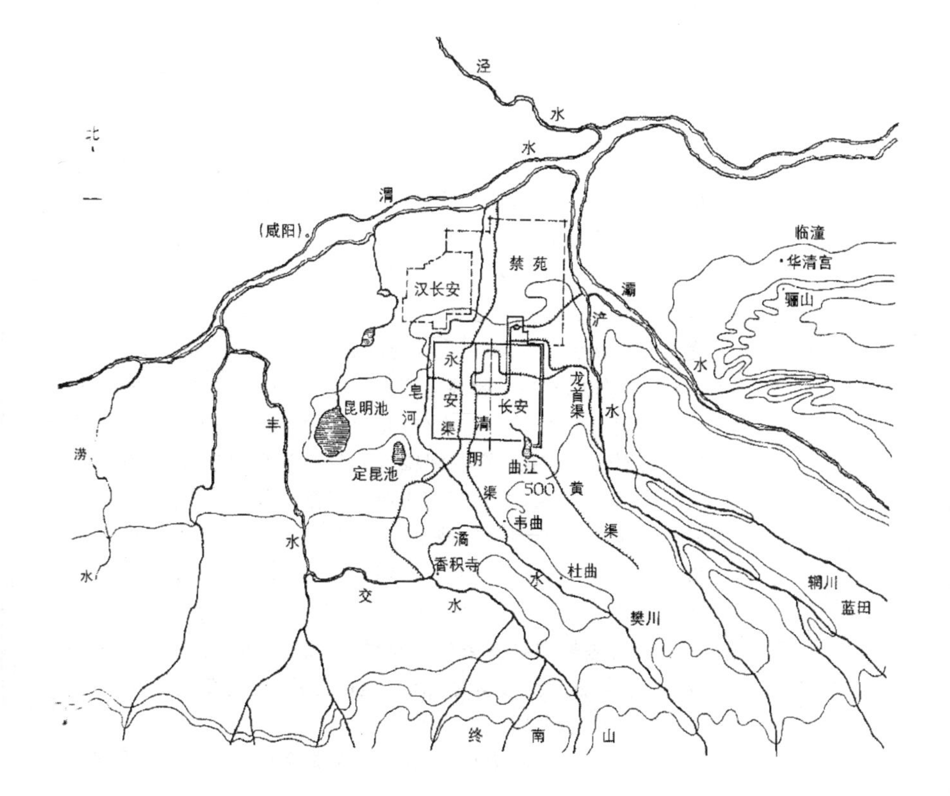

任杭州知府时，用疏浚的湖泥在西湖上堆成水上园中园“三潭印月”，这种由工程到艺术的深化过程，使之成为“天上月一轮，湖中影成三”的“小瀛洲”。正因如此，我们今天才能欣赏到如此美丽的西湖。

除此之外，还有柳宗元对永州、柳州两地风景的开发。园林文化伴随柳宗元一生，在他生命的47年中，经历了在长安、永州、柳州任职的三个时期，在风景建筑的理论研究和实际建设方面有着独特的建树，尤其在其被贬至永州和柳州期间，游历各处风景，在任内对当地的自然资源进行开发，并亲自参与规划营建了多处风景区。通过对这些地区公共园林的开发建设，不仅使当地百姓的生活环境有所改善和提高，对该地区后世的城市发展和园林活动也产生了重大影响。柳宗元在风景园林的开发建设方面有着极为独到的见解，可归纳为“逸其人，因其地，全其天”，其中便孕育着天时、地利、人和的思想。这一思想也深深地影响着后世的风景开发建设，要合理、适度地开发和利用自然资源。历史上还有很多这样的实例，对后代的城市规划产生了深远影响。

2.1.4 宋代时期

宋代是中国封建文化最辉煌的时期，是中国古代园林进入成熟期的第一个阶段，同时也是公共园林发展的高峰期。繁荣的社会经济、光辉灿烂的文化、领先世界的科技成就是宋代的城市建设与园林建设的基础。这一时期继承并发展了传统的寺观、郡圃等公共园林，如南宋杭州郡圃以凤凰山麓为园，俯瞰西湖，留有有美堂、清暑堂、南园巽亭等以对湖山之胜；[10]开放官署园林，使吏民同乐，“民安而君后乐”；开创性地将汴京御苑金明池、琼林苑等皇家园林对市民开放，并以律令的形式将一年一度的御苑开园确立下来。这些将皇家御苑开放的现象是前所未有的，并对当时的社会面貌和城市生活都起到积极的推动作用。

宋代的公共园林是指由官府出资在城市低洼地、街道两旁兴建，供城市居民游览的城市公共园林。具有公共园林性质的寺院丛林在宋代也有所发展，在我国的一些名山胜景，如庐山、黄山、嵩山、终南山等地，修建了许多寺院，既是贵族官僚的别庄，又是避暑消夏的去处。此时，公共园林的造园活动更加活跃，虽然不是造园活动的主流，但是比唐代更为普遍。

1. 城市公共园林的发展

宋代城市公共园林的情况，可从东京和临安两个城市进行考察。北宋初期的50年间，农业、手工业都得到了恢复和发展，人口增加了两倍，城市更加繁荣发达。城市里的寺观均附有园林，成为市民的活动场所之一。从宋人张择端的名画《清明上河图》和《金明池夺标图》（图2-4）里，我们可以看到一些当时北宋都城东京（今开封）城内外市民游憩生活的情况。当时的一些游园赏花活动促进了公共园林的发展。北宋各大御苑所推行的法定公共游豫和定时游览制度，将中国园林公共性的传统发挥到更高阶段。如金明池，在开放之日，称为“开池”，开池之时，庶民们纷至沓来。而当有龙舟争标比赛时，更是盛况空前，游人如织的场面将游池活动推向高潮。沿岸“垂杨蘸水，烟草铺堤”，东岸临时搭盖彩棚，百姓在此看水戏。西岸环境幽静，游人多临岸垂钓。北宋东京城内，地势比较低，城内外散布着许多池沼，官府出资在这些地段因地制宜地种植各种水生植物，两岸则植柳，同时构建亭台桥榭等小型构筑。满足东京居民的日常游览之需，所发挥的就是公共园林的作用。唐代曾对东汉梁园遗址略加整建，到宋代再加开拓，也成为一处公共园林。《东京梦华录》卷七记载都人

图 2-4 （宋）张择端《金明池夺标图》（图片来源：改绘自《中国古典园林史》）

出城探春郊游时的热闹情形“……四野如市，往往就芳树之下，或园囿之间，罗列杯盘，互相劝酬。都城之歌儿舞女，遍满园亭，抵暮而归……”。[11]张择端的《清明上河图》中，描绘汴河两岸及沿街的行道树以柳树为主，其次是榆树和椿树，间以少量其他树种（图2-5）。

在北宋东京的园林景观和游园活动记载中曾有关于公共园林的相关论述，这些公共园林通常是指运河开发后两侧的绿化种植。据古文献记载，在北宋东京的城市河道与护城河两侧都成片种植杨柳，当时东京城也很重视街道绿化和美化以供市民休憩。

金灭北宋，南宋王朝迁都临安（杭州）。城内外除皇家和私家园林外，西湖边亦开发建设了许多公共游乐地。南宋吴自牧撰《梦粱录》云：“初八日，西湖画舫尽开，苏堤游人来往如蚁。……诸舟俱鸣锣击鼓，分两势划棹旋转，而远远排列成行。……湖山游人，至暮不绝。”又说：“临安风俗，四时奢侈，赏玩殆无虚日。西有湖光可爱，东有江潮堪观，皆绝景也。……重九，是日至城隍山、紫阳山登高，吃糖炒栗子、鸡豆，顺道游斗坛，第见人山人海而已。文昌、关帝、火德等庙均摆设灯谜，亦一雅集也。”此外，当时的平江（今苏州）虎丘、石湖、桃花坞及太原晋祠等，都是有名的公共游乐地。

南宋临安条件更为得天独厚，著名的西湖就相当于一个特大型天然山水公共园林（图2-6）。西湖从一个具有潟湖作用的功能型湖泊逐渐演变为突出城市风景园林的湖泊。从南宋西湖所具有的景观特色，以及所承载的社会功能来看，西湖堪称公共游览的优秀典范。并且在西湖的周边还分布着众多景点，内容涵盖皇家园林、私家园林和寺庙园林等多种园林类型，与西湖相映成趣。各园基址选择均能着眼于全局，形成总体结构上疏密有致的起承转合和韵律。西湖山水的自然景观，经过它们的点染，配以其他的亭、榭、桥等小品的精心布置，更加突显出人工意匠与自然天成的浑然一体。《武林旧事》中有描写都人春游西湖的情景。最富诗情画意的“西湖十景”文化景观，在南宋时期已经形成，分别是苏堤春晓、柳浪闻莺、花港观鱼、曲院风荷、平湖秋月、断桥

图2-5　（宋）张择端清明上河图（图片来源：网络）

残雪、雷峰夕照、南屏晚钟、双峰插云、三潭印月。这座大型的城市公共园林有着众多的景点，同时又有着丰厚的文化底蕴，后来经历朝的踵事增华，西湖又被逐渐开拓、充实而发展成为一处风景名胜区，杭州也因此成为典型的风景城市，可以说是西湖造就了今日的杭州（图2-7）。

杭州西湖是在历史的发展过程中逐步疏浚经营而成的一个美丽的人工邑郊风景园林。“居易、东坡营西湖，水光山色沐杭州”，白居易于长庆二年（822年）十月至四年（824年）五月的杭州刺史任内，修筑钱塘湖堤、蓄水，可灌田千顷；又浚城中李泌六井，以供引用。宋时苏东坡于元祐四年（1089年）任杭州知府时，继白居易之后第二次全面整治西湖。南宋偏安杭州，“山外青山楼外楼，西湖歌舞几时休”，西湖已是杭州士庶日常游览的邑郊“公园”了。西湖作为邑郊风景园林，在城与自然天施巧合的山水环境条件下，经过历代官府和劳动人民的不断雕饰而日臻完美。在古代，尽管它主要是为当时的官宦、富人所享有，但它区别于皇家园林和私家园林，具有社会公共性，是中国园林史上特有的一种类型。

图2-6 杭州西湖（图片来源：《杭州》）

平湖秋月（引自《西湖旧踪》）（清·董诰 绘）

苏堤春晓（引自《西湖旧踪》）（清·董诰 绘）

断桥残雪（引自《西湖旧踪》）（清·董诰 绘）

雷峰夕照（引自《西湖旧踪》）（清·董诰 绘）

南屏晚钟（引自《西湖旧踪》）（清·董诰 绘）

曲院风荷（引自《西湖旧踪》）（清·董诰 绘）

花港观鱼（引自《西湖旧踪》）（清·董诰 绘）

柳浪闻莺（引自《西湖旧踪》）（清·董诰 绘）

三潭印月（引自《西湖旧踪》）（清·董诰 绘）

双峰插云（引自《西湖旧踪》）（清·董诰 绘）

图 2-7 杭州西湖十景（图片来源：《杭州》）

2. 农村公共园林的发展

在个别经济、文化发达的地区，农村的聚落、传统的乡土园林也都具有公共园林的性质，楠溪江中游的不少村落，在宋代就已达到灿烂的文化高峰，形成一个个具有高质量的自然环境与人居环境的耕读生活社区，楠溪江的自然风光极其秀丽（图2-8）。

村落内的公共园林常与水系结合设置，同时在外围的山水风景的远景衬托下，相映成趣，仿佛一幅幅流动的画面。宗祠是村内最主要的建筑物，常常与公共园林相结合。[12]楠溪江苍坡村，是楠溪江中游最古老村落之一，建成于南宋时期，公共园林位于村落的东南部（图2-9），沿着寨墙成曲尺形展开，以仁济庙为中心分为东、西两部分。西半部以矩形水池为中心，池北为笔直的街道，指向村外的底景——笔架山，如把村落作为铺开的纸，水

图 2-8 楠溪江古村落（图片来源：百度）

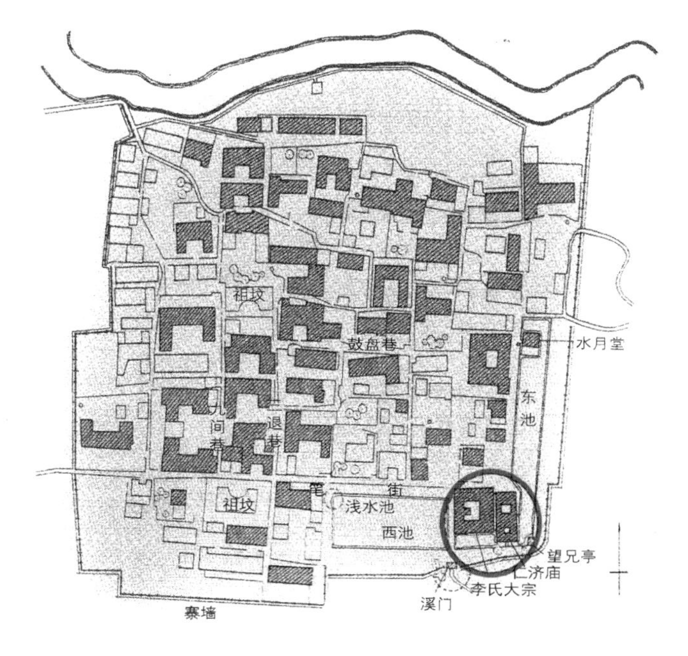

图 2-9 苍坡村平面图（图片来源：《楠溪江中游古村落》）

池如砚池，则东南部的园林景观就呈现出笔墨纸砚的文房四宝的寓意。东半部以长方形水池为主体，水池近端建小型佛寺，作为景观的收束。这种园林化居住环境的经营，并非一般私园内向、封闭的格局，它远承魏晋南北朝、隋唐的庄园别墅遗脉，在与村落外环境交相呼应的同时，呈现出开放舒展式的空间布局，并为当地村民提供相互交往游憩的空间。

岩头村是五代末年由福建移民创建的一个血缘村落。岩头村有3座园林（图2-10），西北角的上花园、东北角的下花园和东南角的塔湖庙、丽水湖风景区，是楠溪江中游最大最美的公共园林。岩头村的公共园林是与村落中的供水渠道相结合开凿而成的，在满足村民日常生活需要的同时，创作出了便于公众游憩交往的开放空间，同时还承载了祭祀、酬神等宗教活动和文化、娱

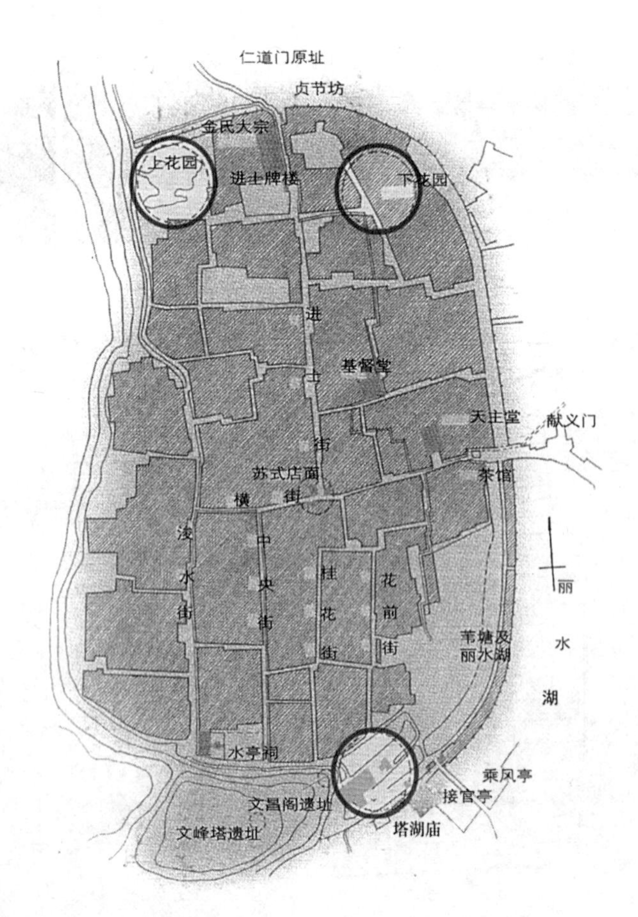

图2-10 岩头村平面图（图片来源：《楠溪江中游古村落》）

乐、商业娱活动等多重功能。岩头村的公共园林（图2-11），在规划设计方面算是高水平的一例，在特定的山水环境中塑造出了特定的园林空间，岩头村的丽水湖、塔湖庙一带成了当地村人休息的场所和士人抒怀的空间，岩头村“金山十景”中的八景位于此，即长堤春晓、丽桥观荷、清沼观鱼、碧屿流莺、笔峰丛翠、水亭秋月、曲流环碧和塔湖印月。

在某些发达地区的城市、农村聚落中，体现人与自然、人与人和谐关系以及“耕读传家”的社会风尚的村落园林和公共园林已普遍存在。无论是结合水系、改造旧园，还是依附其他工程设施，所呈现的外貌特征均是具备明显开放性的。并且无论规模大小，都成为城市或乡村聚落总体的有机组成部分，而且这些村落公共园林是村人共建的结果，其渊源可追溯到先秦儒家的“天下大同”、“与民同乐”思想。作为村落人居环境重要组成部分的公共园林除了上文所述的楠溪江古村落最为典型之外，在其他地方如江南、东南以及巴蜀一带经济发达、生活富裕、文化素质较高的村落也都出现过具有公共性质的园林建设，而且在这些地方所建设的具有典型公共性质的园林，往往都是在专门划定的区域内进行规划建设的，目的是为广大村民提供更多的公共交往空间和游憩场所。建设资金的来源则包括两个部分：一是乡绅们的个人捐资，二是靠当地民众的共同集资。建成的公共园林有着明显的地方特色和浓郁的乡土气息，并透射出很高的艺术造诣。

图 2-11　岩头村公共园林平面图（图片来源：改绘自《中国古代园林史》）

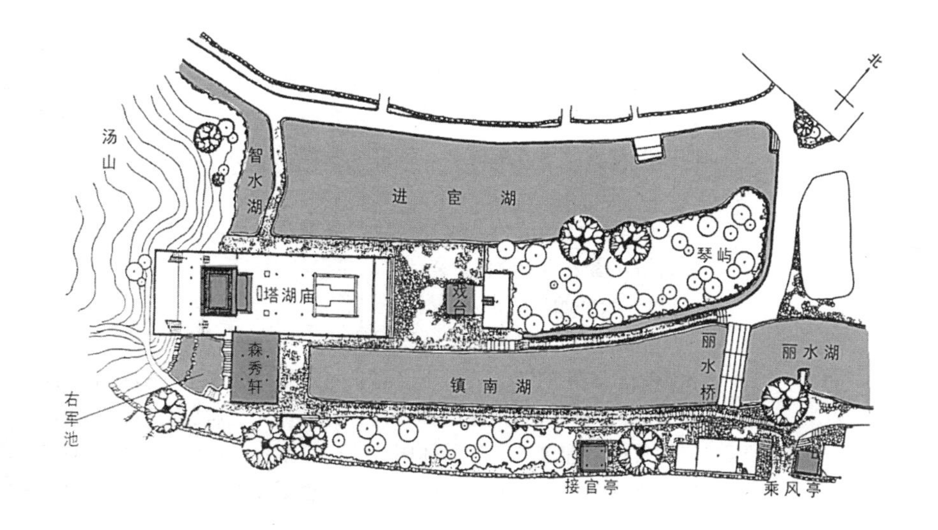

2.1.5 元、明、清时期

元朝是蒙古族建立的一个皇朝。元大都规模宏大，大都城略近方形，规划完整（图2-12）。杰出的科学家郭守敬规划建设了大都的水系，从玉泉山引水贯都，使得城市中心的积水潭（什刹海）附近，既是商旅繁华之地，也是园林荟萃之乡，有大片的绿地供市民游乐（图2-13）。

明代初年朱元璋定都南京，于1366～1386年间改建都城，包括外城、应天府城、皇城三重。在玄武湖、雨花台、栖霞山和秦淮河等地，建了许多精美的园林及寺庙，成为市民们乐于前往的游憩胜地。明成祖朱棣迁都北京后，城西北郊地区的园林建设逐渐兴盛起来。其中既有帝王的行宫别苑，也有一些公共游乐地，如香山和西湖（瓮山泊）。

明亡后，清朝仍建都北京，城市布局沿用明制。清雍正、乾隆以后，在西北郊修建了大片的皇家宫苑，如圆明园、清漪园（颐和园）、畅春园等，极目所见皆为馆阁联属、绿树掩映的名园胜地，成为历史上规模空前的园林区。然而，一般市民以往所能及的游乐地却因此而大为减少。当时除少量寺庙园林外，北京的公共游乐地主要集中在什刹海地区。据《帝京景物略》记载，什刹海在龙华寺前，方五十亩。《燕都丛考》中记载："堤通南岸，沿堤植柳高入云霄。……湖北庆云楼在烟袋斜街，昔亦诗酒流连之地。"足见当年热闹之景况。春夏秋冬，四时皆有相应的游憩活动。

随着大城市经济繁荣、文化发达程度的显著提升，城市中的人们有着更为丰富的公共活动内容，进而对活动空间的需求度越来越高，因此，在城内、附廓、近郊都普遍出现公共园林，它们大多是利用城市水系的一部分，还有的是结合以往的古迹遗址、旧园的基址或将寺院园林化的外环境进行适当的改造而成，以供人们休闲使用。

附廓、近郊的公共园林一般距离城市不远，可做当天往返的一日游，著名的如浙江绍兴的"兰亭"。

1．公共园林的再发展

从宋代开始繁荣起来的市民文化，与皇家、士人的雅文化互相影响，在新的社会背景下又有长足发展。到清中叶和清末已经臻于成熟，城镇的公共园林除具有提供文人、居民交往、游憩场所的传统功能之外，也与休闲、娱乐相结合，作为民俗文化的载体而兴盛起来，农村聚落的公共园林也更多地见于经济、文化比

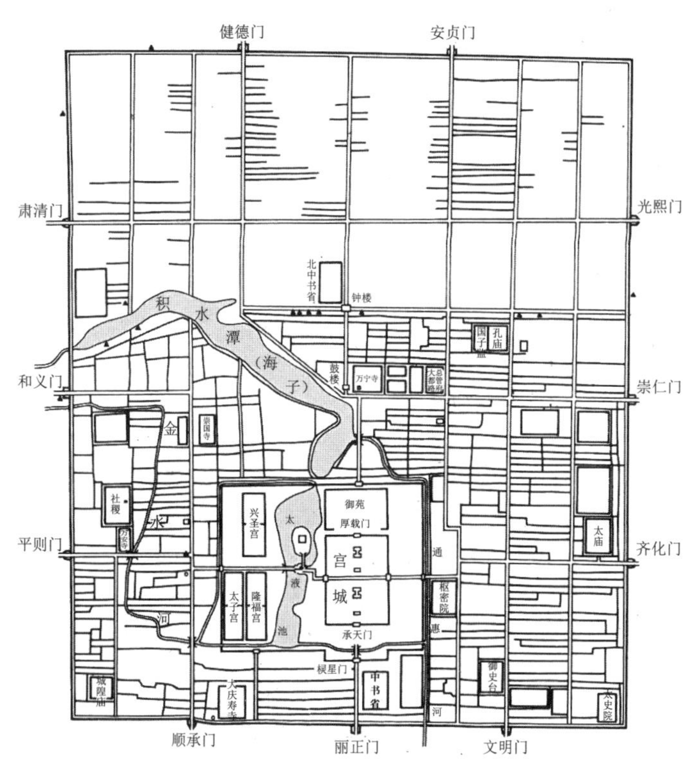

图 2-12 元大都平面图（图片来源：《中国古代园林史》）

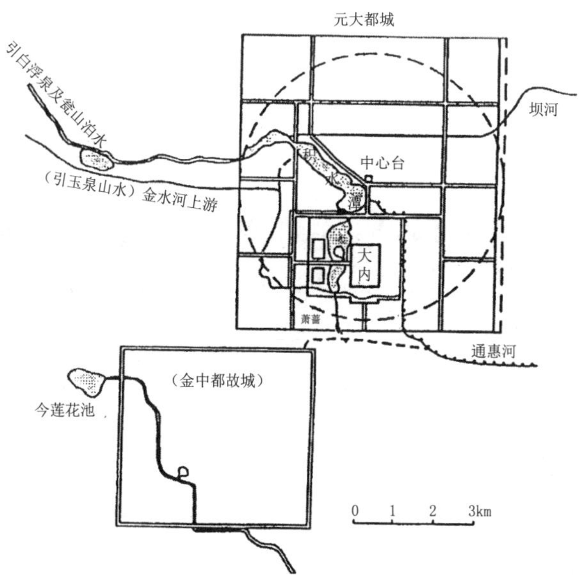

图 2-13 兴建元大都与积水潭、金中都故城平面图（图片来源：《什刹海》）

较发达的地区。[13]这一时期的公共园林大致有三种情况。

第一，依托城市水体水系，或利用水利设施因水成景，成为开放的绿化空间。有的还结合商业、文娱而发展成为多功能的开放性的绿化空间，成为市民生活和城市结构的重要组成部分。一般来说，城市及近郊的公共园林大多属于这种情况。例如，北京的什刹海就是内城最大的一处公共园林（图2-14、图2-15）。内城西南角的太平湖（后被填埋），规模虽小，但也是一处依托水面而成的公共园林。陶然亭是清代北京的又一处著名的公共园林，位于北京外城西南角隅，原为一片荒地、水泡，亭依一个天然水湖而建，取白居易诗句“更待菊黄家酿熟，共君一醉一陶然”之意（图2-16）。

大明湖在清乾隆年间加以整治而成为济南城内一处大型公共园林（图2-17），“四面荷花三面柳，一城山色半城湖”描绘的就是大明湖由天然湖泊沼泽逐渐整治演变成为一湖烟水、绿柳荷花的佳丽景色（图2-18）。昆明的翠湖在旧城内（图2-19），原是滇池的一个湖湾，明初，昆明修筑砖城墙，把翠湖圈入城内，与滇池脱离，后仿效杭州西湖筑堤，经历代开发，成为一处“杨柳荫中鱼静跃，菰浦深处鸟争鸣”的充满了自然生态美的公共园林（图2-20）。还有扬州的瘦西湖也是依水而成的城市公共园林。

第二，对历史上的建筑物遗址加以园林化处理，或对与历史上著名的人物有关的遗迹稍加修整再经过园林化处理，而形成的很有特点的公共园林。如四川的杜甫草堂是唐代大诗人杜甫流寓成都时的住所，后世为了景仰先贤，加以营建修护，由于这里树木幽深，溪水萦纡，粉墙青瓦，繁花似锦，一年四季均有可观之景而成为成都的一处著名的公共游览地。桂湖在四川省新都县城

图2-14 北京旧城与什刹海、陶然亭的位置关系（图片来源：底图源自google earth）（左）

图2-15 什刹海（右）

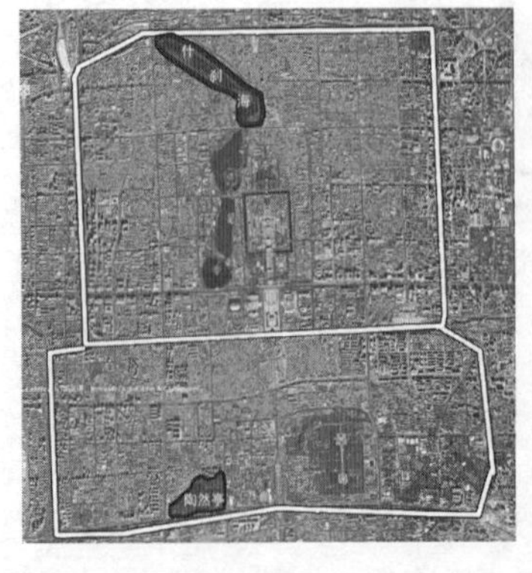

图2-16 陶然亭公园航拍图（图片来源：网络）

图2-17 济南古城与大明湖的位置关系（图片来源：底图源自google earth）

图2-18 大明湖鸟瞰图（图片来源：网络）

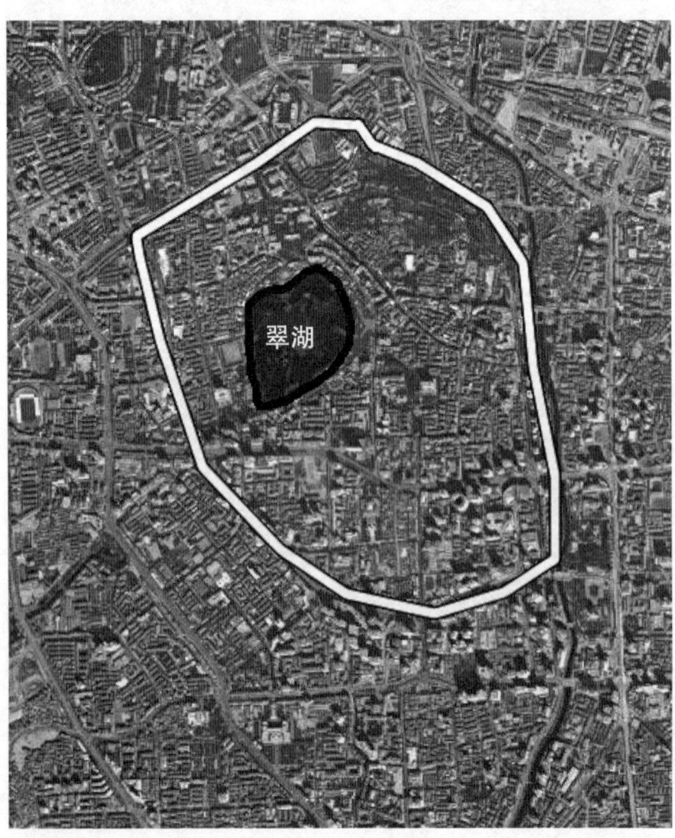

图2-19 昆明古城与翠湖的位置关系（图片来源：底图源自google earth）

图2-20 昆明翠湖（图片来源：网络）

内的西隅，原为明代学者杨升庵的故居，清嘉庆年间，开放作为公共园林，并建置若干亭、阁以点缀风景，兼供游憩饮宴之用。河南苏门山的“百泉”与“啸台”因晋时的孙登、阮籍而知名，加上历代的不断整治，逐渐成为远近皆知的结合优美的自然景观而成的公共园林。

第三，农村公共园林的发展在这个阶段更为普遍，多见于繁荣发达的江南地区。在清代，皖南的徽商在家乡常常出资修建村内的公共设施和公共园林，结合“水口”，即村落入口，建置水口园，基址依山傍水，有“水口林”的绿化，且通常和文昌阁、魁星楼等建筑物相结合，由清溪、石路贯穿，与村落成为整体，融糅于周围的自然环境，显示出天人谐和的意境。檀干园位于安徽歙县的唐模村，是一处水景园，水体兼有水库的作用。园不设墙，内有亭、榭、会馆等园林建筑，布局疏朗有致，与清溪、石路和村落融为一体，一派天人和谐的景象。

历史上的兰亭，曾多次迁移其址，往迹难寻。明嘉靖二十七年（1548年）绍兴知府沈启移兰亭曲水于天章寺前，天章寺在绍兴市西南13.5公里之兰渚山西麓，这就是今日“兰亭”之所在。清康熙十二年（1673年）绍兴知府许宏勋主持重建兰亭，康熙御书《兰亭序》勒石于天章寺旁之碑亭内，并御书“兰亭”二字匾额。亭前疏浚曲水以供流觞之用，其后建右军祠。20世纪80年代，人民政府拨巨款对兰亭做全面修整，增加了一些景点，另在天章寺遗址上兴建书法博物馆，大体上仍保持着康熙时的格局。

兰亭是一处纪念性的公共园林，大多数景点都与书圣王羲之及其书法活动有关，“右军祠”始建于清康熙年间，四面环水，入门之中庭为“墨池”，模拟王羲之“临池学书，池水尽黑”之意。池中有方亭“墨华亭”，前后小桥相通。正厅面阔五间，陈列着历代书法家临摹《兰亭集序》的手迹。两厢为廊庑，壁上镶嵌《兰亭集序》的各种刻石。“御碑亭”建于康熙年间，八角重檐攒尖顶。亭内石碑高6.8米，为中国的大型古碑之一，碑的正面刻康熙御书《兰亭集序》全文，背面刻乾隆御书《兰亭即事》诗。“流觞亭”在右军祠之西侧，面阔三间，亭内屏风陈设《兰亭曲水流觞图》（图2-21）。亭前，小溪自平岗蜿蜒向南，两岸堆砌犬牙交错的石块，这就是模拟古代曲水流觞的地方。此外，还有若干碑、亭之点缀。作为一处公共园林，其建筑疏朗，小溪及水池萦流回环，绿草如茵，树木蓊郁。兰亭江贯流其间，周围群山环抱。这些，都能诱发人们对“崇山峻岭，茂林修竹”以及当年的兰亭盛会的联想。

2. 公共游览地的发展

在我国，公共游览地的开发建设历史悠久。元、明、清时期，以北京为例，元大都城北郊的玉泉山，山嵌水抱，湖清似镜，湖畔林木森然。除了一处行宫御苑外，大部分均开发成为公共游览胜地，赵秉文《游玉泉山》诗中生动地描写了此地盛景。玉泉山行宫、大宁宫两处御苑，与北京的历代皇家园林建设有着密切的关系。元、明、清时期北京的佛寺和道观很多，其中不少都有独立小园林的建置，或者结合寺观的内外环境进行园林化的经营，有的则开发成为以寺观为主体的公共园林，香山及西山一带逐渐发展成为具有公共园林性质的宗教圣地。此时的公共园林虽不是造园活动的主流，但比之前代已更为活跃、普遍。

什刹海，原名积水潭，又叫作海子，是元代大都城内的漕运码头。“燕山三月风和柔，海子酒船如画楼”所描绘的就是什刹海当时热闹空前的繁荣景象。追溯什刹海地区的公共园林，其建设是以城市水系的变迁及水利设施的修建为依托的，充分借用周边优美的自然风景，是北京城中唯一的一个开放型的有大范围水景的公共活动场所，是北京旧城历史上规模最大，内容最广泛的公共园林。从元代开始就不断加强对积水潭的开发与利用，以历史上此处的自然湖泊水系作为基础，凭借水利建设为主的各项措施和手段，以实现南北通航以及内城宫苑用水为目标，适当修整，并以若干人工景点加以点缀，渐渐形成了什刹海地区的历史公共园林。到了明代，改建大都城，北城墙南移，将积水潭的上游划出城外，西半部水面称为净业湖，东半部水面称作什刹海，明代时，什刹海和净业湖的水面就种植了大量的荷花，与附近的稻田景色共同营造出宛若江南水乡的景象。大片的水面招来飞禽水鸟在湖上飞翔，岸边绿树成荫，夏日时此处宛若清凉世界。加之周围的寺院、园宅的点缀，什刹海、净业湖便成为一处具有公共园

图2-21 兰亭曲水流觞图卷（图片来源：网络）

林性质的城内游览胜地。当发展到清代时（图2-22），什刹海则因经年淤积被迫收缩，分成了两个湖面：一处为德胜桥东的后海，另一处为东南的莲花泡子或曰前海。

从以上中国古代公共园林的发展历程来看，中国古代公共园林的萌芽期出现较早，春秋时期就已初见端倪，并在《诗经》中有描写公共游豫的场景，魏晋南北朝时期，由于社会的动荡、思想文化的活跃，使寄情山水与崇尚隐逸成了当时社会的一种风尚，因此，群众性的游览活动逐渐兴盛起来。开放的社会氛围，是促使公共园林产生的社会基础，到了隋唐时期，公共园林的发展是伴随着城市的发展而发展的，如曲江池就是大唐盛世时期公共园林的典型，不但是一座大型的皇家御苑，在当时也是市民的公共游览地。宋代是公共园林发展的高峰期，以南宋时的杭州西湖为典型，西湖相当于一座特大型公共园林，积极引导着杭州城市的发展，杭州的西湖所具有的平民化和综合属性，满足了当时社会各阶层的需要，作为开放性的公共空间发挥了更加重要的社会意义，是中国古代公共游览的典范。中国古代公共园林是伴随着城市和园林的相互融合而产生和发展起来的。公共园林往往借自然之势，蕴含丰富的人文内涵。中国古代公共园林发展的普遍因素，表现为统治者治国安邦的政治举措、传统习俗和民俗活动

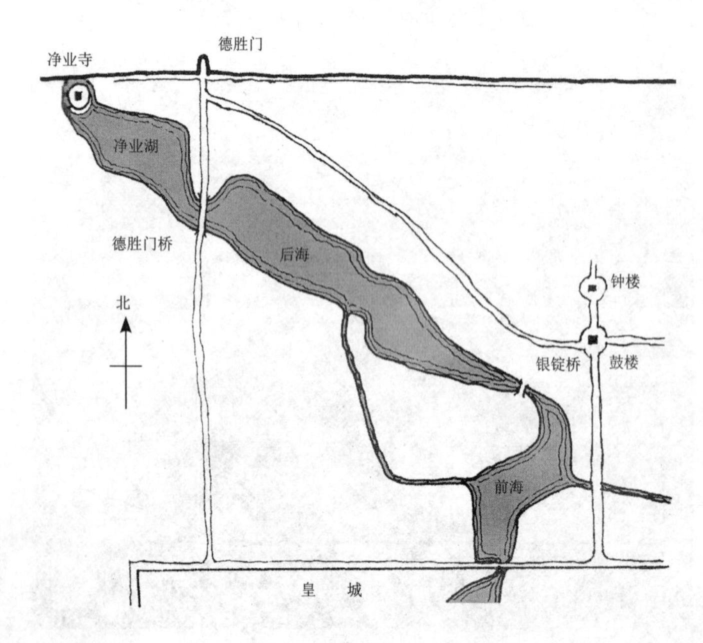

图2-22 清初的什刹海平面图（图片来源：改绘自《中国古代园林史》）

的推动以及历史遗存的改建与扩建活动。

2.2　中国古代公共园林的文化根基与空间特色

2.2.1　“与民同乐”的儒家思想

先秦思想是中国古代苑园的哲学文化基础，儒家哲学思想是中国古代公共园林的文化根基。“与民同乐”是封建社会“公共园林”的“仁政”文化追求，说明公共园林的产生有着深层的文化渊源。先秦时代，孟轲提出“与民同乐”的命题，对后世的园林文化影响深远，而提出“与民同乐”的初衷是“治国平天下”。古代邑郊风景园林作为公共园林的类型之一，其文化奠基便是儒家的“与民同乐”思想。中国古代先哲中，孟子对“乐”的论述最多，对后世的影响也最大，孟子提倡“与民同乐”，反对“独乐”，孟子认为：“为民上，而不与民同乐者，亦非也。乐民之乐者，民亦乐其乐；忧民之忧者，民亦忧其忧。乐以天下，忧以天下！”得政，得民，就必须与民“同乐”、“同忧”，“乐”在园林空间中。

中国古代京师与州府的城市邑郊风景园林，是一个为皇室、仕宦和士庶百姓共享的公共性质的自然风景园林。邑郊园林与村落园林覆盖最多的人群层面。封建社会中，由于儒家思想始终占据社会思想的主导地位，因而它几乎成了封建士人思想行为追求的“规范”理念。如白居易后来位居州官时，营修忠州东坡园，疏浚杭州西湖，修筑苏州山塘路，甚至在致仕之后退隐洛阳时，仍带头捐俸，组织乡人修筑龙门八节滩。

宋代理学的发展，使儒家哲学完善到精微程度。范仲淹的“先天下之忧而忧，后天下之乐而乐”说明宋代儒士更身负社会忧患重担。宋代邑郊风景园林之开发达到高潮，与整个社会文化思想相关联。以宋代的经济发展、农业发展和工商业发展作为坚实的物质基础，受儒家思想影响的仕人，有为民开辟“同乐”园林空间的责任和意识，如欧阳修、苏轼、滕子京等，他们开发州府邑郊风景园林，参与和组织民间的世俗春游、秋游活动。如果说皇家园林是供皇室贵戚享受人与自然之乐的场所，私家园林是供高官、士人或富人退隐、享乐之艺术空间，而邑郊风景园林，则是利用京师、州府山水风景之地开发的为全社会（包括皇朝、官僚、富人和庶民）所共享的自然风景园林空间。

在“与民同乐”的儒家思想的影响下，中国古代公共园林呈现出鲜明的文化特征，即公共园林是士庶共享的园林空间，呈现开放型自然山水空间的同时承载着社会宣教的功能，而且公共园林大多为自然和人工相结合的艺术空间，对后世影响极为深远。

2.2.2 公共园林是士庶共享的园林空间

历史上公共园林的规划、建设以及改造过程无不体现出对自然的崇尚与追求。传统的士大夫的文化思想、审美追求及独特的生活理念也在公共园林的营造过程中体现出来。作为士庶共享的园林空间，公共园林所覆盖的社会层面最为广泛（图2-23）。

尽管游赏公共园林的游人，表现出其群体的等级差别、阶级属性，但公共园林空间中的自然景物、人文景物辐射之信息，对

图2-23 中国古代各类园林覆盖的社会人群层面（图片来源：《中国古代苑园与文化》）

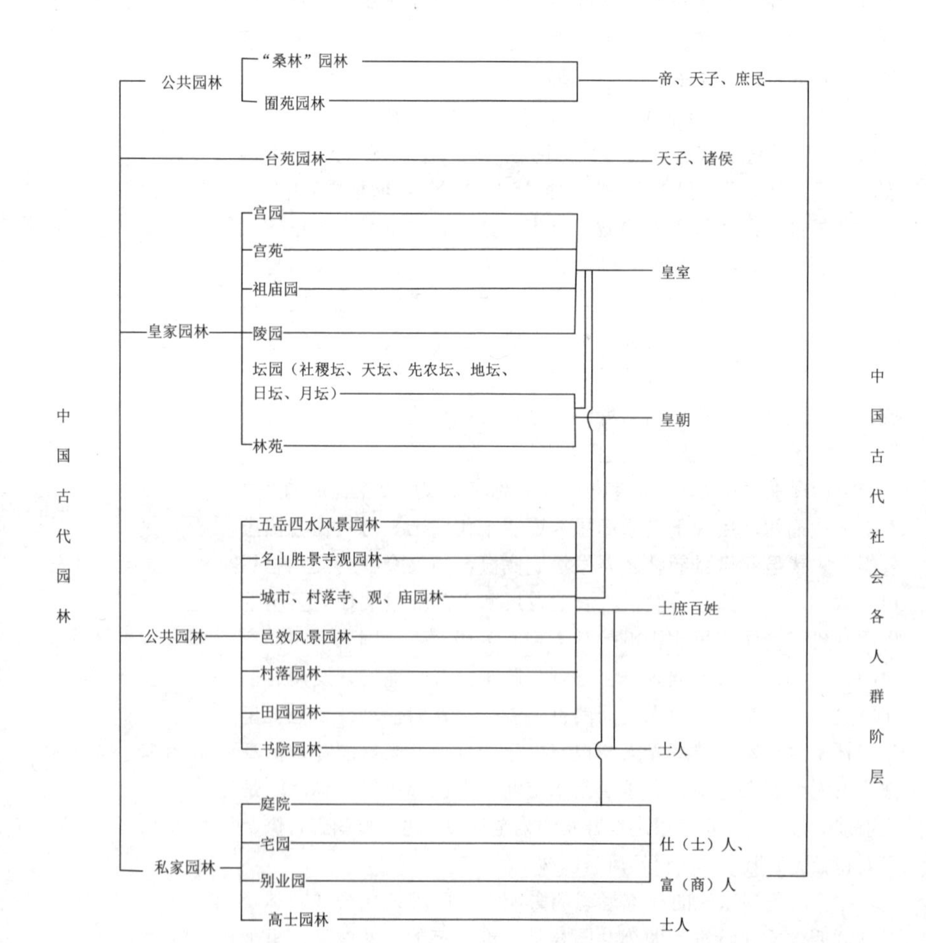

所有人皆机会均等，而且作为古时的皇朝、州府，其开发建设公共园林的目的之一是“以主民乐”，“与民同乐”。在古代社会，皇帝、官府“与民同乐”，往往借助共同崇尚的传统民俗节日和共同信仰的宗教节日。如汉唐时期已经形成的元宵、上巳、寒食（清明前一二日）、端午、七夕、重阳等郊游活动；魏晋以后形成的二月初八（佛祖出家日）、二月十五（佛祖涅槃日）、四月初八（佛祖诞辰日）和十二月初八（佛祖成道日）的佛教节日；结合农事祭祀、民族传统和宗教习俗，组织全社会共同出游的节日活动。而在这些全社会共同欢庆的节日，邑郊风景园林是其活动的空间场所之一。如成都的浣花溪、海云山之佛祖纪念日的活动盛况，几近于现代社会的文化节、狂欢节。园林是文化载体，邑郊风景园林是全社会人群共享的园林空间，类似于现代城市公园和城市近郊风景名胜区。它的共享性还在于不售门票，除了香客自愿捐赠香火钱外，免费游览各个景点。古代邑郊风景园林的社会大众共享性，应看成是中国古代园林发展的特征之一，它比西方现代社会大众共享的城市公园早出现1000多年。这是中华民族优秀的文化传统。[14]

2.2.3　公共园林是开放型的自然山水空间

相对于皇家园林、私家园林都是用高大围墙圈成的限定空间，各地的邑郊风景园林则是四面开放的自然山水空间，广袤无垠，八方可入，自由出进，极大地方便士庶邑人。

邑郊风景园林选址，多在邑郊山水秀丽之地，青山绿水、峻峰幽壑、松林竹篁、飞瀑翔鳞、百鸟朝歌，是美好的自然空间。邑郊风景园林的开放性，还表现在它使社会人群在这个风景园林空间中实现广泛的社会交往：四面八方上山进香的香客之间，文人雅士之间，官僧之间，甚或官民之间，突破异乡的生疏、官民的森严，在这个自然风景园林中接触交往。只有在此情此景中，才能使像欧阳修那样的高官看到“负者歌于途，行者休于树，前者呼，后者应，伛偻提携，往来而不绝”的盛况；只有此情此景之中，才使他在“宴酣之乐”时，“起坐而喧哗者，众宾欢也”。邑郊风景园林是那个时代的社会开放空间，是人们的交际空间。

2.2.4　公共园林是承载社会宣教的文化空间

邑郊风景园林中的人文景观有：人文建筑、游览建筑、摩崖造像、碑刻题记、楹联题额，这些内容对于广大游者起着艺术熏陶、文化普及、陶冶情操、歌咏升平的社会文化宣教作用。人类文化的历程是：古代是宗教文化时代，现代是科学文化时代，未来是艺术文化时代。而在以苦难今生、幸福来生的古代宗教文化时代的邑郊园林中，把其时的艺术文化、科学文化（如城池的开发和风景开发建设、医疗医药等）融于其中，使邑郊风景园林逐渐成为具有社会文化宣传教育功能的空间和社会精神文明的教育基地。古代社会在经历了政治的、军事的战乱动荡之后，人们渴望社会稳定，邑郊风景园林的开发建设，是这相对安定乃至盛世时代的物质文明和精神文明建设的辉煌历史。[15]

2.2.5 公共园林是自然与人工结合的艺术空间

邑郊风景园林是一个自然山水艺术空间。与纯自然空间的山水不同，邑郊风景园林是结合人工化的园林艺术空间。邑郊自然风景园林之雕琢可以概括为种植花木、开凿路径、得体于山水而经营风景建筑。植树造林、美化环境在古代社会就是治政之道。如《周礼》规定："王之社坛，为畿，封而树之"，早在3000年前的周朝就有着强调植树造林的规定，邑郊风景园林作为园林空间，其艺术品位，既决定于山水环境之佳丽，又决定于人工开发的空间艺术创作。杭州西湖在秦汉时期尚为滩涂，历经世代经营始有西子佳丽。人工构筑的人文景观，既要得体于山水，又要品位高尚，诗、书、金石和建筑艺术应表现精当，是山水空间、文化空间、园林艺术空间的集成。

2.3 国外公共园林的发展概况

相对于中国古代园林而言，世界上其他的民族和地区，由于文化传统和社会条件的差异而形成各自的园林风格。东、西方园林是公认的世界园林艺术中最为重要的两大园林体系，均为世界园林艺术做出了极大的贡献。

在西方社会中，城市公共空间与文化传统和意识形态密不可分，以实用性、社会性和艺术性为主要特征的西方城市公共空间，从古希腊开始，就倡导奴隶制民主政治，并兴起自由论争的风气，古希腊民主思想的确立，直接影响到古希腊的城市建设布局与城市生活。不管是集权荒淫的古罗马、清心寡欲的中世纪、锐意进取的文艺复兴，还是强调动态和气势的巴洛克，西方文明史的各个时期都继承了希腊共和时期的民主观念和群众集会活动的习惯。[16]传统欧洲的城市生活具有一定的开放性和集聚性，自由民主制度便是促使公共园林产生的政治性因素。在工业革命后，当时工业化的大生产给人们带来了巨大的精神压力，随后引发出了广泛的社会问题。随后以英法等国为首，率先开展了拯救城市环境的措施，并开始通过努力建造城市公园来构成绿色景观体系，进而解决城市环境问题，[17]为进一步改善城市环境，不同程度的园林开放则是促使城市公共园林发展的社会性因素。

2.3.1　自由民主制度下的公共园林

在公元前8世纪～公元前7世纪，更加强大的亚述帝国在两河下游新都尼尼微进行了大规模的园林化工程，在塞纳克里布统治的公元前7世纪初，尼尼微周围不高的丘陵被改造成大面积平川，并修建了许多水渠，浇灌大片拥有各种树木的林地。林地间还辟出宽阔的湖面，边缘种有芦苇等水生植物，形成了“已知最早的，为公众服务的城市公园或欢娱场地”。[18]

古希腊时期，不仅统治者、贵族有庭园，由于民主思想发达，公共集会及各种集体活动频繁，为此建造了众多的公共建筑物。在漫漫历史发展的长河中，逐渐出现了各种园林类型和形式，除宫廷庭园、住宅庭园、文人学园外，还包括公共园林，开创了欧洲园林的先河，并对后来欧洲园林的发展与城市建设产生了深远的影响。在古希腊人的生活中，公共的、社会交往的活动远远重于私家活动，并且多在同自然环境相联系的户外进行，在一些民主制的城邦，上层贵族也愿意通过公共环境建设来赢得平民的支持。[19]因此，在古希腊，公元前9世纪～公元前5世纪，便开始对荷马时期的果蔬园进行改造，且通过栽植一些观赏价值高的花木而建成具有强烈装饰性效果的庭园，并进一步发展成为住宅内规则方整的柱廊园（peristyle）（图2-24）。随后，城邦范围内的自由民主制度，促使公共园林的萌芽形成。最初，它采取了神圣树丛（sacred grove）的形式，一般和庙宇相联系，位于泉水与圣坛之间。它不仅为参加祭祀活动的公众提供了休息的场地（图2-25），也表达了希腊人对树的崇拜。这一传统延续到荷马时期以后很久，继而被古罗马人所继承。古希腊人因战乱频繁，尤其重视体育运动，所以，在城市内外修建了大量的体育场，四周用美丽的园地（park grounds）加以装饰。体育场成为人们散步和集会的场所，在这些为公众开放的体育场周边稍加园林化的修饰，使其具有公共园林性质。随着体育场逐步发展成公园，人声鼎沸而喧闹的场景引起哲学家们的不满，因此哲学家便将自家的庭院作为公开讲学的场所。此时，受民主制度的影响，在柏拉图的谈话录里，我们发现在希腊民主制度下产生了公共花园（Public garden），为群众提供林荫、清凉的泉水和精致的小路及座椅，保护身心健康，进行散步、谈心等游憩活动是其建设的目的。柏拉图还把自己的学校与园林结合起来，创造了柏拉图学园（Plato

图 2-24 柱廊园（图片来源：《西方园林史》）

图 2-25 奥林匹亚祭祀场的复原图（图片来源:《西方园林史》）

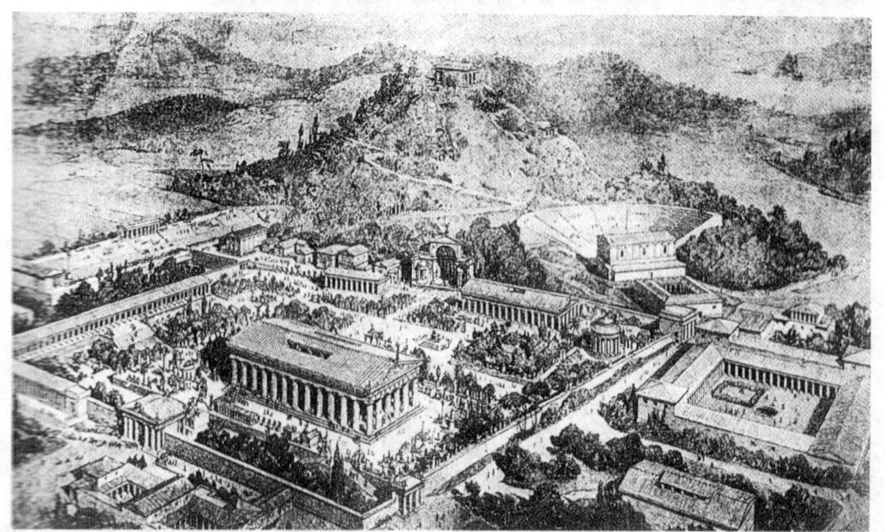

Academy）。学生和老师都住在学园里，在散步中以谈话的方式讲学，学园里有建筑、运动场和花园，如同一个优美的大公园。此后，其他哲学家也纷纷效仿，逐渐形成了一种习俗。像著名的哲学家伊壁鸠鲁（Epicurus，公元前341年～前270年）、苏格拉底（Socrates）、亚里士多德（Aristotle）等人，都有自己的学园。古希腊唯物主义和无神论哲学家伊壁鸠鲁把他的整座花园赠给雅典城，向公众开放。

古罗马时期，罗马城最初只是帕拉丁山丘上的一座小城，在后来的发展中形成了以帕拉丁、卡比多丘、维利亚丘等山丘之间不规则的共和广场群为核心的大城市，沿七丘间的谷地向各方延伸。城市中心街区，特别是平民居住的街区多数街道狭窄，方向凌乱，并缺乏街道绿化。从庞贝城出土的街道看，行道树绿化在古罗马各城市可能都是很少见的。然而，随着别墅热的兴起，罗马城各山丘日益被绿化美化，台伯河沿岸也是如此。除了皇家、私家的宫殿、豪华别墅园林外，也出现了面向公民开放的绿地。许多草坡、树林可以供人散步、游赏。各种大规模宗教、纪念场所，以及社交、娱乐和文化设施的建造，也使城市中心地段的公共绿化增多。古罗马帝国是高度中央集权制的奴隶制国家，无民主制度，因此古罗马的城市园林都是属于皇室或贵族的园庭、别墅，很少向公众开放。在古罗马城里，公共园林的数量并不多，市民们的娱乐和休闲活动只能在城镇广场（agora）或神圣墓园（sacred burial groves ）中进行。城市广场、市场和公共建筑附属花园等部分代替了城市公园的功能，从而弥补了罗马城市公共园林的不足。关于罗马城的公共园林环境，可以参照公元前1世纪建造的罗马大角斗场，它就建在原来尼禄黄金宫中的园林地段上，建筑周围有许多树木和草皮绿地。在共和广场旁形成的帝王广场群，许多神庙围院内以及剧场、健身场、赛车场周围，常有行列植树，或以行列成片，形成公共绿化环境。公共浴场是拉丁人生活中的重要场所，兼具健身、社交功能。共和晚期以后，浴场规模越来越大，在罗马城，帝国时期能容纳千人以上的浴场超过10个，中小型者有数百。不少浴场的主体建筑周围形成巨大的围院。从其尺度和活动性质来看，完全是一种大型城市公共空间。公元前3世纪建造的卡拉卡拉浴场，围院内绿地的面积近6公顷，沿外围围墙还有讲演厅、图书馆、竞技场、商铺旅店等众多设施，绿地上种植了许多整齐排列的树木。这样，从比较大的环境关系来讲，罗马城就形成了这样一种城市环境：谷地核心街区被起伏的山坡、河岸绿色环境所包围、渗透，拥挤的街区间穿插着较大面积的开放空间，配合各种公共建筑环境，局部有序、整体无序地散布着许多园林化场所。[20]

欧洲中世纪时期（5～15世纪），在城市中也设有林荫广场、娱乐场以及骑士们比武练兵的竞技场等公共活动场所。《圣经》成了最高的权威，压制科学和理性思维。园林的主要形式是封建领主的城堡式庄园和教会僧侣的寺院庭园，城市里没有什么公共园林，教徒们只能在做礼拜时利用教堂周围的园地休息，开展一些娱乐活动，但场地都很小，直到13世纪末，这种场地面积才大一些。

从15世纪下半叶到16世纪的欧洲文艺复兴时期，许多国家在封建社会内部产生了新的资本主义生产方式的萌芽。尽管当时的意大利、法国、英国等国的园林艺术有很大发展，营造园林的数量和质量都空前地提高，但就其性质而言，绝大多数还是私人庄园或皇家宫苑，为平民百姓服务的城市公共园林不多，此时整个社会大力宣扬人文主义的思想，受其影响，在城市中也出现了一些将私园（private garden）和宫苑（palace garden）定期向公众开放的现象，如英国伦敦的皇家宫苑（Royal Park），在意大利还出现了专门的动物园、植物园以及废墟园和雕塑园，这些园林一般都是对公众开放的。

作为西方城市公共园林的起源，如前所述，最早可以上溯到古希腊、古罗马时代。随着人们社交、体育、节庆、祭祀等公共活动的日益盛行，出现了供人们集会之需的城市广场、为体育运动而设置的竞技场所、为祭祀神灵而设置的神苑等。在这些公共活动场所周围，大多设置林荫道、草地等活动场地，并配置花架、凉亭、座椅等休息设施，点缀着花瓶、雕像等装饰性景物。这些可以看作是西方城市公共园林的雏形。

总之，在西方园林史上，公共园林的发展是一个循序渐进的历史过程，包括从圣林到竞技场，再到公共园林和后来的文人园，与社会的政治、经济、文化等方面是密不可分的。圣林早在古埃及和古巴比伦时期就已盛行。古希腊时期的圣林被当作宗教礼拜的主要场所，栽植的树木不同于以往的经济利益方面的考虑，更多的是利用树木冠大荫浓形成神秘的空间气氛和林下的活动空间。在祭祀的同时伴随着音乐、戏剧、演说等其他活动，因此，圣林既是祭祀的场所，又是祭奠活动后人们休息活动的重要空间。亚历山大帝国时期，军事上的强大胜利带来了经济上的迅速繁荣，从君主到市民都热衷于造园活动，规模宏大。当时的亚历山大城里，公共花园与皇家花园相互连接，占了大约1/4的城市面积，即使到了郊区，也到处可见十分美丽的花园。[21]

2.3.2　不同文化背景下的公共园林

新兴的资产阶级在“自由、平等、博爱”的思想下推翻了欧洲君主专制的政权，将封建统治者的领土和财产没收，同时把过往军权专制统治下的、百姓曾经无法接近的隶属于皇室的宫苑纷纷向广大群众开放。

18世纪，英国皇室首先开放了在伦敦的狩猎园，在资产阶级革命思想的影响下，英国王室的大型宫苑都定期向公众开放。原是法国皇家狩猎地的巴黎郊外的布洛涅林园（图2-26），几经改造后，也向游人开放，尤以其建在隆尚平原上的跑马场吸引了大量巴黎居民。在伦敦和巴黎市区开放的一些原属皇家的园林成为公众聚会的场所。当城市发展到一定阶段，出现了一些真正为居民设计，供居民游乐的休息花园和绿地。1766年，意大利的佛罗伦萨统治者美第奇家族开放了位于市区的波波里花园（图2-27），同

图2-26 布洛涅林苑（图片来源：《西方园林史》）

图 2-27 波波里花园（图片来源：网络）

时私家园林在一些时候向公众开放的风气也较盛行，伴随着文艺复兴的传播，这种情况满足了一些大众需求，不过，在人文主义精神还主要体现为一种社会上层精英文化的时候，这种贵族富豪的慷慨行为，更主要是为了显示家族荣耀。[22]此类园林向大众提供了消闲环境，更使人们体验到原属社会上层的高贵园林艺术，不过，大规模自然式园林和林苑的开放，对公众生活以及城市发展的影响或许更大。

因此，18～19世纪，是欧洲逐步由贵族社会走向平民化社会的世纪，王室、贵族园林向平民开放，并建立直接为公众服务的公园，这在园林史上是一个反映近代欧洲社会文化变革的重要现象。这些定期或不定期对公众开放的园林，具有一定的公共属性。但因其仍属于王公贵族所有，将其向公众开放，只是为满足王公贵族的虚荣而已，与真正意义上的为大众服务的公共园林有着天壤之别。

直到19世纪中叶，受现实主义所提倡的“真正的艺术必须为广大民众服务”思想的影响，以约翰·拉斯金（John Ruskin，1819～1900年）为代表的众多艺术家们逐渐加强对当代生活的评价和对大众生活的关注，受这一思潮的影响，园林艺术也从为特权服务的贵族艺术逐渐向为大众服务的公共艺术迈进。城市公园在将自然引入城市并改善城市卫生环境的同时，为广大市民提供了亲近自然、享受阳光和新鲜空气的场所。大城市及周边自然式园林的开放，更为市民方便地接近和享受自然提供了可能。城市公共绿化环境，在古代许多国家和地区都曾经以各种名义存在。当把为大众服务的园林扩大到整个社会层面，并且通过相应的法律确定下来时，真正意义上的大众公共园林才得以最终确立。此时的公共园林变革，还涉及工业革命和近现代初期城市发展带来的新问题。

下面将对公共园林在英国、法国、美国、德国、俄罗斯（包括苏联时期）、日本等国早期的发展情况进行论述。

中世纪时期，在英国的许多城镇就都有了供当地居民集体使用的公地（commons，也称开敞地）❶。有些公地还是举行夏季集市的场所。到17、18世纪，把皇家猎园向公众开放的"公共走廊"出现了，但此时其还不能算作真正意义上的公共园林。[23]

❶ "公地"在英美财产法中指供公众使用的地块。在封建时代的英国，指当时贵族庄园或领地中未开发的土地。

英国的工业革命（1760～1840年）促进了生产力的提高，带来了社会经济的繁荣。与此同时，随着城市工业的迅猛发展，大量人口涌入城市中，导致城市人口骤然剧增，交通拥挤、环境恶化等一系列社会问题接连不断地暴露出来。公共空间的极度缺乏严重影响了居民的健康，瘟疫猖獗而导致的大规模的霍乱，因此，人们开始关注公共空间与大众健康。此时，资产阶级为维护自身利益，强烈呼吁社会改革，结果是1835年"私人法令"的通过，法令的内容包括在大多数纳税人的要求下，允许开展城镇公共园林的建设，在资金利用方面，由国家税收来兴建城市公园。随后在1838年提出要求，即在所有未来的圈地范围内，严格留出足够的可用于当地居民进行日常锻炼以及娱乐休闲的开敞空间，并在1859年通过并颁布了《娱乐地法》允许地方当局为建设公园而征收地方税。这种以法律的形式定下来的政策对后世的园林建设和城市发展起到重要的借鉴作用。

英国城市公园的建设热潮是从19世纪的40年代开始的。在"私人法令"颁布以后，1844年，由英国人约瑟夫·帕克斯顿（Joseph Paxton，1803～1865年）设计的利物浦伯肯海德公园（Birkenhead Park）是世界造园史上第一座真正意义上的城市公园。随后在英国各地均发起了公共园林的建设浪潮，维多利亚公园的正式开放是在1845年，另外，曼彻斯特的菲力普公园、王后公园、索尔福德的皮尔公园也于1846年相继开放。除上述英国各地兴建并开放的城市公园之外，1847年以后的很多私家园林也纷纷面向社会开放，或将其改为城市公园。著名的皇家园林，如伦敦的海德公园（Hyde Park）（图2-28）由之前的皇家猎苑变成伦敦人的时尚旅游

图2-28 英国伦敦海德公园（图片来源：网络）

地，尤其是每年的五朔节，园内游人如织，这座占地142hm^{2}的大公园现在是伦敦市民喜爱的日常活动场地，以及举办各种庆典活动、娱乐表演和群众聚会的场所。肯辛顿园（Kensigton Garden）现在是深受伦敦市民喜爱的散步休闲和慢跑场所，园林气氛也比毗邻的海德公园更加轻松怡人。圣·詹姆斯园（St. Jame's Park）是昔日皇家园林中规模最小，但却是最古老和最富装饰性的一个，如今是伦敦市民与游客最喜爱的休闲游憩场所。另外，还有绿园（Green prak）、摄政公园（Regent Park）等，都逐渐转变成对公众开放的城市公园。这些昔日的皇家园林几乎连成一片，占据着市区中心最重要的地段，总面积达到480hm^2，并且经过改造后，更适宜于大量游人的活动，十分方便市民的日常生活，这些由一系列公园组成的公园群构成今日城市中一道靓丽的风景线，对城市环境的改善起到重要作用。为大众服务的城市公园，必然使园林艺术走向通俗化，使园林变得更有人情味。

英国在经过半个世纪的造园活动后，其公共园林有了很大的发展。城市开敞空间与公园的建设和城市的改造更新联系在一起。把公共园林的建设与居民身体健康的提高有机地联系在一起，从而通过扩大公共空间的方式以满足人们的健康之需。另外，值得一提的是，詹姆士·伯恩·罗素（James Burn Russell）不仅进行大型的公园建设，而且认为小块的绿地、开敞地与公园一样有价值，并提倡在公园管理资金方面，利用市政和税收两个渠道，这一思想对后世有很大影响。

公共园林的建设与城市的发展有着密切的关联，随着城市化进程的加速，公共园林的建设也在不断拓展，在英国的城市建设史上，一直将公共园林的建设与城市公共空间的发展、改造和建设联系在一起，并将公共园林作为改善人居环境、增强人们身心健康的重要载体。同时赋予了公共园林更加综合的城市功能，即环境教育与教化的功能、一定意义上的政治功能以及为城市居民提供宽敞的活动空间的综合功能。城市公共空间与公共园林对于整个社会和谐气氛的营造有着不容忽视的潜在意义。

19世纪初的法国巴黎，当时仅有100多公顷的园林，而且只有在园主人同意时才对公众开放。而占地面积约25hm^{2}的丢勒里花园，就是在巴黎建造的最早的大型花园之一。

这座大型花园从路易十三统治时期开始，就定期开放给广大巴黎市民，因此可以说，基于社会变革而出现的丢勒里花园，可以被看作是法国历史上的第一个“公共园林”。[24]因位于塞纳河北岸而成为城市发展的一个基点，丢勒里花园在巴黎城市发展中占据重要地位，花园的轴线奠定了巴黎城市的发展方向，其构图对城市格局产生了一定的影响。到法国大革命时期的18世纪末，其成为城市公园。

真正意义上的近代公园建设，是从美国的纽约中央公园开始的。美国历史上没有过皇家宫苑，在18世纪的城市发展中也很少留出空地用于公共娱乐，到19世纪初，才开始有公共园林的萌芽出现。最初是把城市广场种上树，供居民游憩，后来将乡村墓地适当修饰，这些自然风景式的墓地是向全市居民服务的。而19世纪30年代开始营建的费城劳雷尔山（Laurel Hillin Philadeplhia）在1848年的4～9月间，有3万人游玩，而同期到纽约的绿树公园（Greenwood Park）的游人竟达6万人之多，这充分说明了建设城市公园的必要性与紧迫性。于是，在19世纪的美国展开了一场关于建造公园的大讨论，要点有4个方面：公众的健康、人民的道德、浪漫主义运动的发展、经济效益。

弗雷德里克·劳·奥姆斯特德（Frederick Law Olmsted，1822～1903年）是开创自然保护和现代城市公共园林的先驱者之一。在欧美兴起的城市公园运动，使城市中出现了大量的风景如画的自然片段。纽约“中央公园”（图2-29）利用纽约市大约348hm^{2}的一块空地进行改造、规划，成为市民公共游览、娱乐的用地，奥姆斯特德提出的“把乡村带进城市”，建立公共园林、开放性的空间和绿地系统，受到了广大群众的赞赏，继而掀起了一场城市公园运动。这种新兴的公共园林在欧美的大城市中普遍建成，并陆续出现街道、广场绿化，以及公共建筑、校园、住宅区的园林绿化等多种形式的公共园林。纽约中央公园采用回游式环路和波状线形小径相结合的园路系统，四周有4条路与城市街道立

图 2-29 纽约中央公园（左为鸟瞰图，右为平面图。图片来源：北京林业大学《西方园林史》课程课件）

体交叉相连接，使游人在园内的散步、骑马、驾驭马车等活动与城市交通互不干扰。

19世纪末兴起的生态学到20世纪50年代已经建立了完整的生态系统和生态平衡的理论，为了不断地改善城市的环境质量而兴造了一系列公共园林，造园家探索着运用生态学的思想和“可持续发展”的理论来指导大型园林的规划。德国的马格德堡1824年兴建的一座公园，在直接为公众营建的园林中可能是最早的。[25]

德国的城市公园，在第一次世界大战前奉英美为楷模。战争期间出现了分区园，对生产粮食贡献很大。战后，市民们便占有这些小绿地，经营园林，对于增进健康、陶冶精神收益甚大。于是就以法律的形式确定下来，在各个城市里普遍建设内容充实的运动公园，另外，还出现了国民公园（volkpark）——百货店式公园，适合于各种不同年龄、性别的游人使用。与英美公园的不同之处在于：英美公园在面积超过10hm^{2}以上时，常以自然式手法设计；而国民公园则在相当大的面积里，仍然用规则式手法设计。

俄罗斯，地跨欧亚两洲。18世纪末叶，莫斯科在拆去了得别络城墙旧址的北部，建造了一条环形的特维尔斯基林荫大道，算是公共园林建设的萌芽。19世纪20年代，建筑师鲍维在克里姆林宫附近创作了公共使用的亚历山大花园。19世纪末，随着西方文化的源源涌入，许多贵族花园也纷纷改称公园，如圣彼得堡附近的皇家公园（巴甫洛夫斯克、加特齐纳）。某些宫廷公园，如莫斯科的列伏尔托沃公园，虽然在规定的日子里对公众开放，但是禁止“下层居民”入内。

1917年十月革命胜利后，苏维埃政府把城市公共园林看作是改善市民生活和卫生条件的主要因素。除了将宫廷和贵族所有的园林全部没收为劳动人民使用外，还采取了保护和扩大城市绿化的全面措施。1921年列宁签署了关于保护名胜古迹和园林的第一道国家法令。

苏联时期以社会主义制度对人的关怀为主要思想，公共园林的出现是以文化休息公园和专设儿童公园为载体的。在苏联，文化休息公园是城市公园的主要形式，它既是苏联城市的特点，也是社会主义文化的一个明显标志。

日本古代的公共园林主要有神庙庭园及公共茶庭。住吉公园、滨市公园是最早建立的公园，后以旧有的寺庙为中心，建设了浅草公园、芝公园、上野公园、深川公园和飞鸟山公园。之后受欧美造园运动的影响，兴建了日比谷公园。第二次世界大战结束后，旧皇室苑地开放为“国民公园”，如皇居外苑、新宿御苑、京都御苑等。

日本的城市公园系统是以儿童公园为基点、小区公园为主体、综合公园为骨干，公园分布均匀，用地比较紧凑。

2.4 影响公共园林发展的主要因素

园林作为一种文化形态，自始至终都受到自然、人文、社会意识形态等方面的影响和制约。尤其在中国古代园林发展历史上的最辉煌时期，也是这些因素表现最为突出和典型的阶段。

2.4.1 经济因素

经济是基础，是影响和制约事物发展的普遍因素，公共园林的发展状况随着各个时期经济的发展状况而不断变化。当经济发展水平高时，公共园林的建设速度快、分布广、水平高，承载的内容也丰富，反之，则发展缓慢、分布少、水平低、承载内容少。

2.4.2 政治因素

政治局面的每一次动荡，都会在园林建设中反映出来，而公共园林的建设发展过程中包含了一系列的国家政策因素，甚至有将公共园林的建设作为推行仁政的措施上升到国家意志的范畴。随着市民阶层的勃兴，市井的民俗文化逐渐渗入民间造园活动，从而形成园林艺术的雅俗并列、互斥，进而合流融汇的情况，这种情况尤其在园林发展的后期更为显著。

由此可知，在开明政策不断出现的历史时期，社会安定、政治昌明以及路线方针正确，有利于公共园林的建设，反之亦然。

2.4.3 意识形态因素

意识形态在中国传统哲学中主要表现为儒、道、释三家学说。儒家思想中的“仁政治天下”和“与民同乐”的思想深刻影响着公共园林的建设。正确地认识这些因素及其影响，有着深刻的现实意义和深远的历史意义。

第 3 章

北京古代公共园林的生成环境

任何一座城市都是在一定的自然环境、社会环境的基础上生成并逐渐发展起来的。就历史文化名城北京而言，在城市发展的各个历史阶段都有它特定的时代背景和客观条件，从而深深地影响着园林的建设与发展。

北京的园林独具特色，北京小平原独特的自然环境和社会环境对北京园林的产生和发展有着重要影响。自然环境包括地形地貌、地质水文、气候、土壤、动植物等，它们共同构成了园林空间的主要载体；社会环境包括历史沿革、城址变迁、地方文化、城市水系与水利治理等方面，对自然环境和社会环境两个层面的分析，是研究北京公共园林形成与发展的基础。

3.1 北京城市的自然环境

北京位置优越，南北适中，势踞形胜，山川秀丽，清泉喷涌，气候宜人，植物繁茂，雨水较丰。我们的祖先从遥远的太古时期，就在这块土地上居住、劳动、繁衍生息。经过漫长的历史演变，北京逐渐成为全国的中心。

3.1.1 地理区位

北京位于燕山脚下，华北大平原的西北边缘，在东经115° 25'～117° 30'、北纬39° 28'～41° 05'之间。西北和东北群山环绕，呈半圆形向东南方向展开，俗称北京小平原，西部属太行山脉，山脊平均高程为1400～1600m；北部和东北部为军都山，属燕山山脉，山脊平均高程为1000～1500m；东南部为平原。境内最高处是位于门头沟区的东灵山，海拔高程2303m，最低处为通州区东南边界，海拔高程约8m；西北部山区的延庆盆地高程在480m左右。

北京全市面积为16808km^2。其中山区占62%，约10400km^2；平原占38%，约6408km^2。辖东城、西城、朝阳、海淀、丰台、石景山、门头沟、通州、大兴、顺义、平谷、密云、怀柔、昌平、延庆、房山16个区、县[1]。

3.1.2 气候特征

北京地处于中纬度地区，属暖温带大陆性半湿润季风气候区，受海陆因素的影响，即夏季受太平洋东北季风影响，冬季受西伯利亚西北季风的影响，明显地从暖温带到半湿润大陆性季风气候向温带到半干旱大陆性季风气候过渡。受“北京湾”独特的地形影响，北京四季分明，其主要特点是：春季多风、夏季多雨、秋高气爽、冬季干燥。年平均温度在8～12℃，其中每到春暖花开之时，赴郊外踏青游览的人群日渐增多，并逐渐成为一种习俗。

3.1.3　地理环境

《管子》说："凡立国都，非于大山之下，必于广川之上，高毋近旱而水足，下毋近水而沟防省。"从地理学的角度分析，北京的北面是内蒙古高原，西面是黄土高原，东临渤海，南接华北大平原，地势西北高而东南低。北京的西、北、东3面为太行山山脉的燕山山脉，中间是永定河与潮白河的冲积平原。纵观北京的地形地势（图3-1），有依山面海之势、龙盘虎踞之态，极其雄

图3-1 北京市地形图（图片来源：《北京城的生命印记》）

图3-2（左）“北京湾”铜雕

图3-3（右） 景山之巅老照片（图片来源：网络）

伟壮观。古人曾云“幽州之地，左环沧海、右拥太行、北枕居庸、南襟河济，诚天府之国”。从这样的地理形势来看，北京很像一个半封闭的海湾，故被称作“北京湾”（图3-2）。北京及其周边一带分布着大量的国家级甚至世界级的自然景观和人文古迹。北京是永定河冲积平原，古时候，景山则是这片平原中心最高的山峰（图3-3）。

站在景山之巅，从西、北、东3面可以看到群山重叠环抱着北京城，使国都呈现着固若金汤的雄伟气势；南面可以遥望千里沃野，江河襟带，呈现出一望无际的大好河山之景象。这种特殊的地理环境，既符合中国古人选择“万古帝王之都”的最佳条件，又符合中国古代风水学选择最佳人居环境的基本要求。优越的地理环境，自然成了辽、金、元、明、清几个朝代在北京建都的主要原因之一。《天府广记》中说：“幽燕自古昔称雄，左环沧海，右拥太行，南襟河济，北枕居庸。苏秦所谓天府百二之国，杜牧所谓王不得不可为王之地。”这就是古人对北京地理环境的精确概述。

3.2 北京城市的社会环境

3.2.1 历史沿革

《北京志》中记载：“夫中他都（今北京）本唐旧城，辽金展拓不过数里。”《辽史·地理志》中描述当时的南京（今北京）城：“城方三十六里，崇三丈，衡广依仗五尺，敌楼、战橹具。八门东曰安东、迎春，南曰开阳、丹凤，西曰显西、清晋，北曰通天、拱辰，大内在西南隅。黄城内有景宗、圣宗御容殿二，东曰宣和，南曰大内，内门曰宣教……皇城西门曰显西，设而不开，北曰子北，西城巅有凉殿。东北有燕角楼，坊市、廨舍、寺观，盖不胜书……中有瑶屿，府曰幽都。”《北平图经》中记载：“北海辽时为瑶屿。”陈宗蕃在《燕都丛考》中记载：“金太宗天会三年，宗望取燕山府。因辽之宫阙，与内外城筑四成，每城各三里，前后各一门，楼橹墉堑悉如边城。”《顺天府志》中又记载：“金天德三年，东南二面展筑三里，与四子城相属，广七十五里，在今都城南面，元代尚有遗址，当时多谓之南城，而指新都为北城。”《大金国志》中也记载：“都城四围七十五里，城门十二……”《顺天府志》中又记载：“元之都城，视金之旧城拓而东北，至明初改筑，乃缩其东西以北之半面而小之。”《燕都丛考》中又记载：“北平今日城地之沿革……金拓其南，元拓其北，明缩其北而复营其南……”这些简单的历史记述已经说明，北京城的历史脉络清晰可见。据《明史·地理志》记载：“明嘉靖三十二年（1553年），筑重城，饱京城之南，长二十八里。”元人陶宗仪在《辍耕录》中讲：“城京师（今北京），以为天下本，右拥太行，左注沧海，抚中原，正南面，枕居庸，奠朔方，峙万岁山，浚太液池，派玉泉，通金水，萦畿带甸，负山引河，状哉帝居！择此天府。”在上述历史记载中，可以了解北京城的历史沿革。

北京历史悠久，据考古资料显示，早在殷商时期，北京地区就已经出现了居民聚落[2]。从封建萌芽期小封国的都城到统一国家的北方重镇，从南北对峙的北方政权的中心到统一的中华民族国家的首都。自商代（约公元前16世纪～前11世纪）以来，北京附近就有两个自然生长的小国，一个叫做蓟国，一个称为古燕国，都是臣属于商朝的小方国[3]。商代蓟国的蓟城就在今广安门内外一带。这个地理位置正好是古代从中原北上的南北大道的北端，因此蓟城实际上是南北交通的枢纽（图3-4）。

随着南北交往的频繁及政治经济的发展，蓟城的重要性也就与日俱增。优越的地理位置适合城市生存和发展，处于古永定河冲积扇的潜水溢出地带，河湖沼泽水泉众多，有比较丰富的水源，今广安门外的莲花池便是那时的水源之一。因而北京城便从这里生长和成长起来，又据《史记·乐记》“武王克殷反商，未及下车，而封皇帝之后于蓟”，蓟是北京最早见于文献记载的名称。因此，北京城的前身就是蓟国的蓟城。

北京这座历史名城，春秋战国时是燕国都邑，后成为北方重镇；辽代为陪都，金代名中都，元代建大都成为全国政治、经济、文化中心。

《韩非子·有度》篇载：“燕襄王以河为境，以蓟为国”，即以

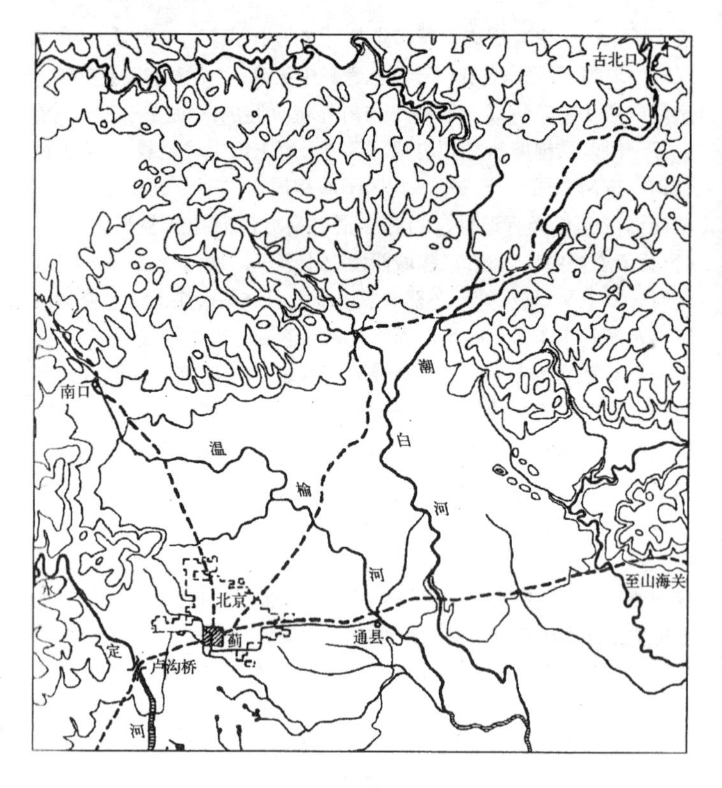

图 3-4 北京小平原古代大道示意图（图片来源：《北京城的生命印记》）

蓟城为燕国都，蓟城先后作为周代封国蓟与燕的都城延续了800余年，因此，蓟城自古即有燕都之称。

在春秋战国时期，蓟城一直是燕国的都城。秦始皇统一全国后，在蓟城附近设置广阳郡，广阳郡即以蓟城为治所。隋朝建立后，隋炀帝改幽州为涿郡，仍以蓟城为治所，并两次亲到蓟城大举出征，说明蓟城在经略东北方面的重要性。

到了唐代，又改涿郡为幽州，治所仍在蓟城，从此蓟城习惯上称为幽州城。唐代幽州城，据《太平寰宇记》引《郡国志》记载："南北九里，东西七里"，是一个长方形的城市，南北略长。综合出土的唐代墓志资料分析推断，大致幽州城的南墙在今西城区陶然亭以西的白纸坊东、西街一线，北墙在今西城区头发胡同至白云观北侧东西一线，东墙在今西城区烂漫胡同西边不远的南北一线，西墙在今会城门稍东南北一线。[4]

元大都城在北京的历史发展过程中，起了承前启后的作用，并占有着重要的历史地位。大都城设计时曾参照《周礼・考工记》

中“九经九轨”、“前朝后市”、“左祖右社”的记载，规模宏伟、规划严整、设施完善。

明成祖即位后，永乐十八年（1420年）自南京迁都北京。在大都的基础上建成新的都城北京。以城市中轴线贯穿南北，皇城居中、左祖右社、前朝后市、五坛八庙、星布城周、严整有序。永乐十九年（1421年）正月初一，正式迁都北京，至此，北京正式成为明朝的首都，而南京则降为陪都。[5]

清代北京城基本沿袭明朝北京城的格局，清朝还在北京城内修建了大量皇家寺庙、王府，并在西郊修建了“三山五园”等皇家园林区（图3-5）。

3.2.2　城址变迁

关于辽金以前燕都蓟城城址的推测，在郦道元的《水经注》中有相关记载：“漯水自南出山，谓之清泉河……又东南……历梁山南，高梁水出焉……又东径广阳县故城北……又东北……径蓟县故城南。《魏土地记》曰：蓟城南七里有清泉河……又东与洗马沟水合。”❶由此可知，当时蓟城以南七里（3.5km），即是永定河故道。蓟城的西湖即广安门外莲花池之前身，为蓟城西北平地泉水所注。由此可知，自春秋战国以来，历东汉、北魏至唐，蓟城

❶《水经注》卷十三，“漯水”注。

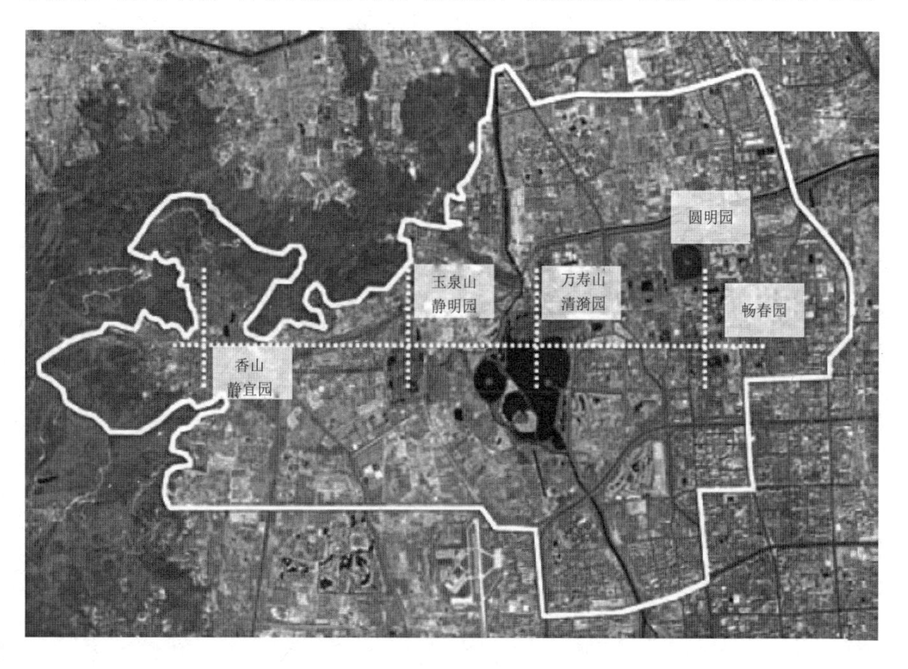

图 3-5 “三山五园”示意图（图片来源：底图源自 google earth）

城址（图3-6），并无变化。

辽南京城因袭唐幽州蓟城旧址，大致位于今天北京广安门外附近。金中都城是因袭辽南京城旧址而扩建的。至1153年金海陵王在此建都才改称中都[6]。13世纪中叶在忽必烈统治之下，最初兴建元大都城（图3-7）。明代北京城的修建，完全是在元大都城的基础上进行的。北京建都后，先后有辽、金、元、明、清5个朝代在此建都（图3-8），历代城址的迁移，一直与水源的开辟相关。

综上所述，有着3000多年的建城史和800多年的建都史的北京城，自秦汉以来就一直是中国北方的军事和商业重镇，经历代城址的变迁（图3-9），其名称也不断变化，先后更名为蓟城、燕都、燕京、涿郡、幽州、南京、中都、大都、京师、顺天府、北平。直到1949年10月1日中华人民共和国成立，北京从此成为新中国首都的名称。

北京城代表中国都城发展的顶峰，包容了都城文明的全部内涵。其在规划思想、布局结构和建筑艺术上继承和发展了中国都城规划的传统，形成了独特的城市建筑、都邑景观，在中国城市建设史上占有重要的地位。

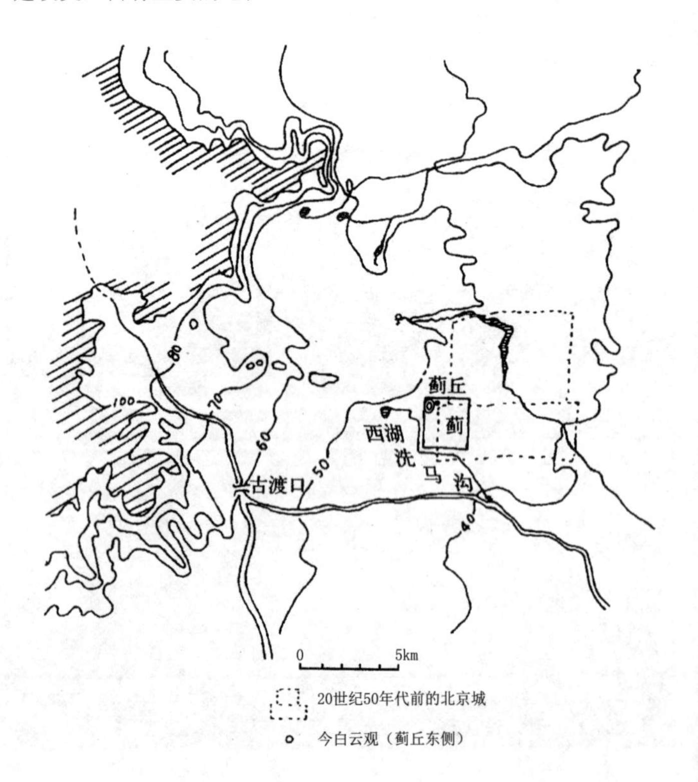

图3-6 古蓟城（图片来源：引自《北京城的生命印记》）

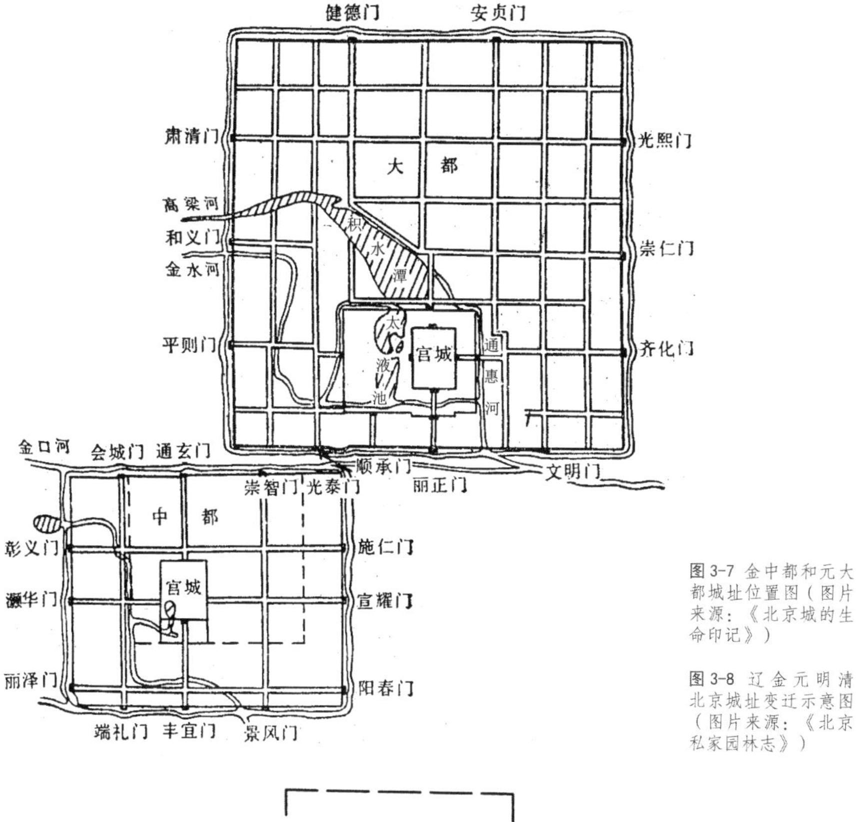

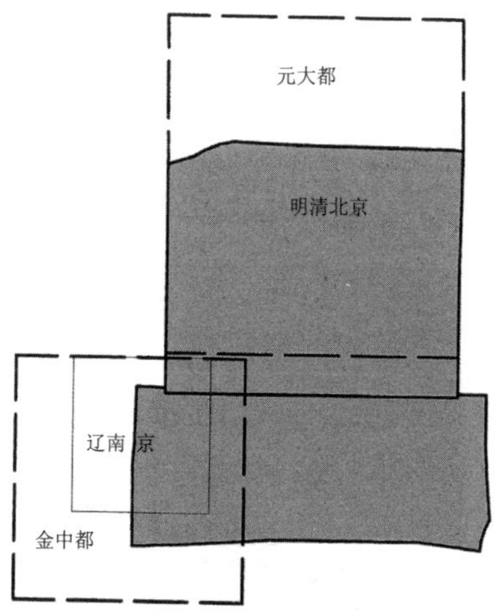

图 3-7 金中都和元大都城址位置图（图片来源：《北京城的生命印记》）

图 3-8 辽金元明清北京城址变迁示意图（图片来源：《北京私家园林志》）

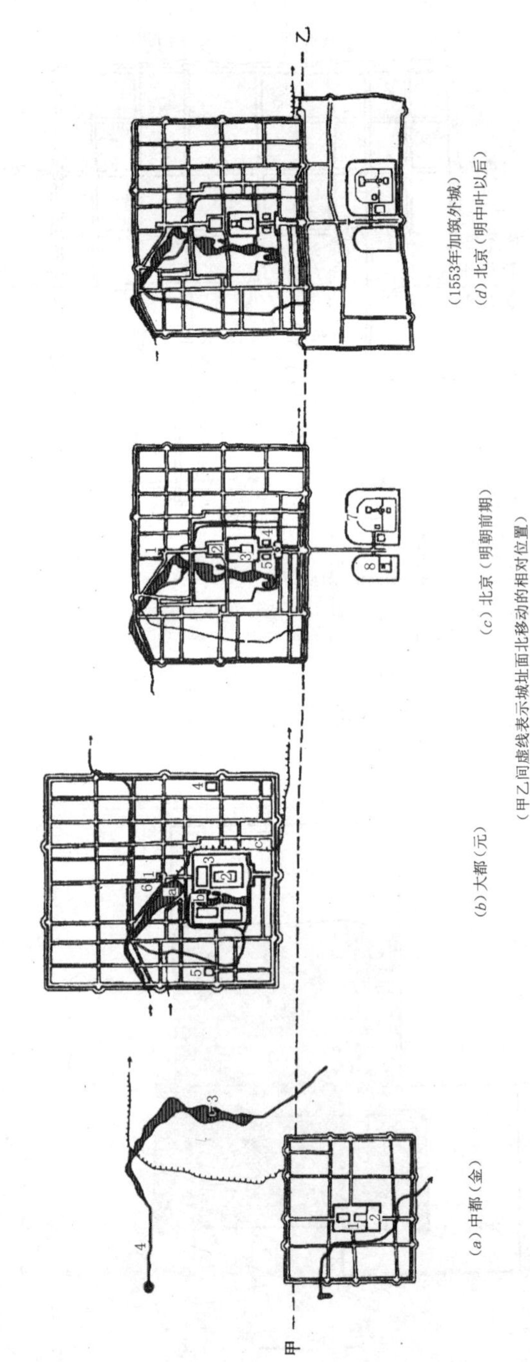

中都（金）1. 宫城；2. 皇城；3. 太宁宫（离宫）；4. 高梁河

大都（元）1. 中心台；2. 大内（南为前朝，北为后廷）；3. 皇城（当时称萧蔷或红门阑马墙）；4. 太庙；5. 社稷坛；6. 主要市场分布区；a 积水潭（海子）；b 太液池；c 通惠河（大运河北端）

北京（明朝前期）1. 钟楼（北）、鼓楼；2. 万岁山（改后称景山、煤山）；3. 紫禁城；4. 太庙；5. 社稷坛；6. 承天门（后改称天安门）；7. 天坛；8. 山川坛（后改称先农坛）

图 3-9 北京城市轮廓演化图（图片来源：《北京城的生命印记》）

3.2.3　地方文化

北京从原始聚落到形成城市，从中国北方的政治中心跃升为统一的多民族封建国家的都城，经历了一个漫长的历史进程，故而北京文化史也经历了一个由北方多民族文化到方国文化，再到北方军事重镇幽州文化，进而逐渐发展成为中国传统文化中心的过程。

北京在长期的发展过程中形成了特有的文化氛围。北京文化史可分为3个时期：先秦时期的燕文化；秦至后唐时期的幽州文化；帝都时期的京师文化。不同阶段文化特征深深地影响着北京园林的发展。

北京著名的“燕京八景”产生于金代，后屡次变化（表3-1），“银锭观山”、“琼岛春阳”、“太液秋波”、“西便群羊”位于西城区；“西山晴雪”、“玉泉垂虹”、“蓟门烟树”位于海淀区；“居庸叠翠”位于昌平区；“金台夕照”位于朝阳区；“卢沟晓月”位于丰台区。

燕京八景名称沿革　表3-1

朝代	八景名称
金代	太液秋风、琼岛春阴、道陵夕照、蓟门飞雨、西山积雪、玉泉垂虹、卢沟晓月、居庸叠翠
元代	太液秋波、琼岛春阴、道陵夕照、蓟门飞雨、西山霁雪、玉泉垂虹、卢沟晓月、居庸叠翠
明代	太液晴波、琼岛春云、道陵夕照、蓟门烟树、西山霁雪、玉泉垂虹、卢沟晓月、居庸叠翠
清代（康熙）	太液晴波、琼岛春云、道陵夕照、蓟门烟树、西山霁雪、玉泉流虹、卢沟晓月、居庸叠翠
清代（乾隆）	太液秋风、琼岛春阴、金台夕照、蓟门烟树、西山晴雪、玉泉趵突、卢沟晓月、居庸叠翠

“燕京八景”反映的是人工建筑与自然河山的有机结合。这些被称为“景”的旅游点在很多城市都有体现，如杭州的西湖十景、扬州的瘦西湖二十四景及济南的大明湖八景等。金章宗时期就将行宫周围和围猎之处的土地交给农民开垦，即便是禁地，也听任农民出入，不仅如此，像“卢沟晓月”的主体——卢沟桥和西山

八大处西麓，天台山慈善寺旁的万善桥，更是直接服务社会的重要工程。前者成为重要门户，后者是方便百姓进香的便桥。这种“兼顾”的思想值得借鉴。“燕京八景”的产生，直接推动了北京地区的园林建设，并对后世园林的建设产生了重大影响。

3.2.4 城市水系与水利治理

北京城地处永定河冲积扇、洪积扇脊，地势西北高、东南低。所有的河流均属海河水系，从东到西分布有五大水系，分别为蓟运河、潮白河、北运河、永定河、大清河（图3-10），分别由北向南或由西北向东南穿过军都山及西山进入平原[7]。北京历史上，在灌溉、航运、防洪、供水和皇苑水环境建设等方面，取得了很多成就。以供水、排水和美化环境为核心的水利建设以及为满足漕运、宫苑需要对河湖水域的治理，使城市水利独具特色。

历史上，北京内外有许多湖泊、洼淀、山泉。城西北玉泉山、万泉庄等地，“平地淙淙出乳穴者，不可胜数”。明末清初《天府广记》载：京南南苑一带，“七十二泉长不竭，御沟春暖自涓涓”。广安门外及小马厂等地，亦有大小湖泊星罗棋布。但这些

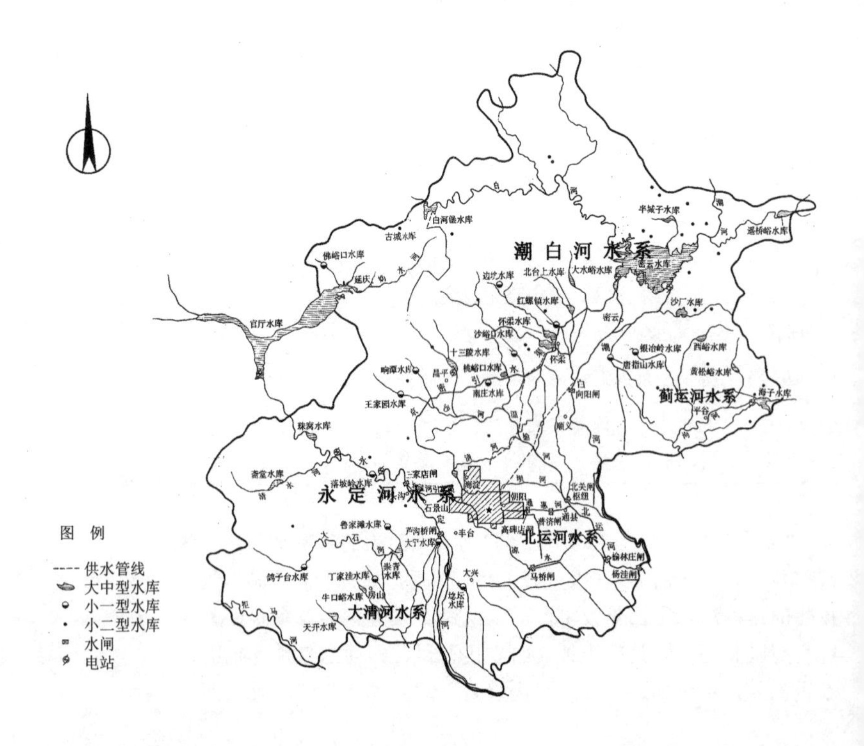

图 3-10 北京水文图（图片来源：《北京水利志稿》）

泉水到20世纪70年代多已枯竭断流。著名的昆明湖、玉渊潭、积水潭等多处湖泊，经历代营建，多辟为风景优美的园林，北京著名的皇家苑囿就是由这些优美的水景区构建的。在灌溉方面，北京历史地理上第一个大规模的灌溉工事是在3世纪中叶魏、蜀、吴三国分立时代的蓟城附近，主持工事的是曹魏镇北将军刘靖，他出于军事目的，屯田守边，在蓟城附近，修筑灌溉工事，开辟稻田，卓有成效。后根据刘靖碑及《水经注》中有关的记载，推断出蓟城的区位及附近河流分布与名称（图3-11）。碑文还记述到刘靖曾“登梁山以观源流，相㶟水以度形势”，自戾陵遏以下所引水渠道，命名为车厢渠（图3-12）。航运方面，隋朝开通大运河，北

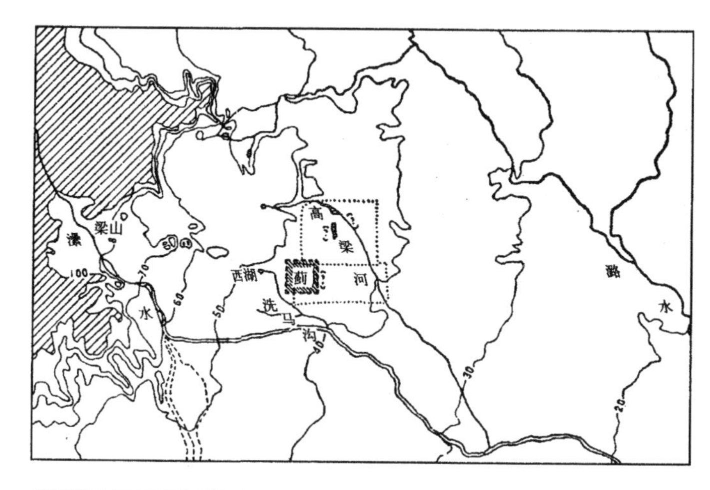

图 3-11　古代蓟丘与蓟城复原图（图片来源：《北京城的生命印记》）

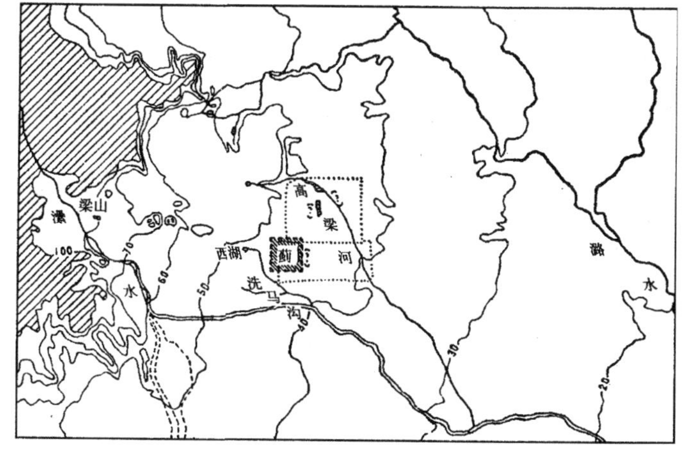

图 3-12　戾陵遏——车厢渠灌溉干渠臆想图（图片来源：《北京城的生命印记》）

达涿郡（今北京），成为当时南北经济文化交流的水上通道。金代建中都，开辟闸河，漕运始兴。元代著名水利专家郭守敬，主持开凿白浮翁山河，引水入积水潭，连通并改造闸河，直抵通州，称通惠河，漕运大为改善。明清两代，通惠河漕运逐渐衰落，至清末，漕运则为其他运输方式取代。宫廷供水与皇苑水环境建设方面，随着北京城市和宫苑建设的发展，历代对河湖水系不断进行改造。莲花池水面曾是蓟城和辽代南京的城市水源，近代将莲花池水引入中都城内，建成优美的同乐园。元代以今天的北海为中心建大都城，将积水潭圈入城内。金、元、明、清时期，还曾多次导引永定河水、玉泉山水以及西山一带泉水入城，供宫廷引用和营造园林。从辽代建南京（今北京）城开始，历代还不断修建护城河和开挖明渠暗沟，使城区形成较为完善的供水、排水体系[8]。

北京城的沿革一直与水系密不可分，从燕代蓟城至金元明清历代的北京城，从莲花池至高梁河，特别是高梁河从积水潭（含什刹海）流向大宁河（今北海和中南海的前身），演化着京城独特的“水文化”[9]。

北京城的水系经过金、元、明、清几个朝代的不断治理，其水系格局基本形成，即以通惠河为主线，其间串联城区河湖，形成涵闸节制、河湖连通环绕。

水系治理是改进自然和发展社会的人类活动。在中国古代，历代都城的变迁无不与水利有关，北京城址几经变迁，变迁的关键因素就是围绕水源问题展开的。千百年来，为开发北京水源兴修了众多的水利工程。这些水利工程促进了北京城市的发展。

早期对于水源的考虑，首先要保证宫廷园林的用水，其次要保证漕粮运输的水道便利。城市近郊，除有少数泉流分布外，并无天然大河或湖泊可资利用。而在北京都市发展过程中，随着实际需要的增加，地表水的来源就成了一个很大的问题。另外，当北京逐渐成为封建时期全国性的政治中心之后，比起营建宫苑、装点市容，更重要的是运河开凿和漕粮的运输。为了打破自然条件的限制，获得水源，历代都城的建设者不断努力，进行着一系列开辟水源的工作。

金代，人工运河体系的营建使当时的北京成为漕运的中心，到了元代，为保障运河通畅，通过开凿坝河、疏通通惠河、开通金水河等一些水利水运措施，使得元代的漕运发达，当时在积水潭一带呈现出一派“舳舻蔽水”的繁荣景象。

到了明清时期，北京城市运河河道发生变化。漕运路线行驶到元代皇城的东城墙外便截止，而导致不能通行的另一原因则是源于明代的南海开凿，因水源不足，南海与通惠河争抢水源，故造成明清时期北京城市运河水源不足，最终影响了漕运。

随后为了维持运河的正常运转，开始不断疏浚运河河道、修闸建坝、开发新的水源以及对运河进行更细致的管理。[10]

北京城区及附近湖泊水系，历史上面积比现在大得多。由于人类活动的填埋与地下水位下降，导致湖泊下的泉水枯竭，使水域面积大大减少。城区湖泊的成因，大致可分为两种，一种是由地下水溢出带汇积，如昆明湖、紫竹院、玉渊潭、莲花池、万泉寺，又如东郊水锥湖（今称团结湖）等；再一种是历史上“三海大河”等古河道，加上人工改造而成，如太平湖（已填）、积水潭、四海、三海、金鱼池（已填）、龙潭湖，又如青年湖、陶然亭、泡子河（已填）、太平湖（城内已填）等[11]（表3-2、表3-3）。

北京城区附近水系　表3-2

名称	起讫地点	长度（km）	平均纵坡	备考
莲花河水系	莲花池～护城河	4.71	1:1500	流域面积56.1km^2，支流四条
小月河	德胜门外～清河	8.4		1950年曾淹地1500亩（100hm^2）
坝河水系	小关～温榆河	27.82	1:2000	流域面积148.06km^2，支流11条
萧太后河	左安门～张家湾	23		平均：上口宽：7～80m，底4～50m，深2～3m
万泉水系	万泉庄～清河	6.37		

资料来源：蔡蕃.北京古运河与城市供水研究[M].北京：北京出版社，1987：8。

城区部分湖泊情况表　表3-3

名称	水域面积（㎡）	水深（m）	备注
紫竹院湖	121058	1.15	
四海	343100	1.9	包括积水潭，什刹后、前、小海
北海	380140	1.9	

续表

名称	水域面积（㎡）	水深（m）	备注
中海	278250	1.9	
南海	216980	1.9	
金鱼池	41520	2.1	今已填
陶然亭湖	161186	2.1	旧200亩（13.3hm^2）
龙潭湖	433500	2.2	

资料来源：蔡蕃.北京古运河与城市供水研究[M].北京：北京出版社，1987：9。

1. 城市供水排水系统

昆明湖最初就是为运河和城市供水而进行的著名水利工程。几百年来，它在北京城市供水、航运、灌溉、防洪等方面，一直发挥着巨大作用，其在北京城市的建设与发展，城乡环境的改善等方面的历史功绩是不可磨灭的。昆明湖水库起到了供城市、园林、运河、灌溉等用水及城市防洪等多种作用。历代首都供水，往往以发展漕运的供水为先导，同时综合考虑规划城市园林水体，护城河及地下水系统的布置。在我国古代城市建设中，尤其是帝王所在的都城，都十分重视园林水体的建设，这也是我国古代劳动人民在美化环境和与自然环境的斗争中取得的突出成就。[12]历史上北京的排水系统，由于地形特点干渠多呈南北方向布置，而以护城河为尾闾，可以向东、南、北3个方向排水，通过坝河，通惠河、萧太后河、凉水河等水道最后归入北运河。排水系统则是排泄城区雨水、园林水体弃水和生活污水的合流制系统。

（1）金中都园林水体供水、排水系统

天德三年（1151年）开始扩建燕京，将燕京西郊洗马沟（今莲花河）划入城内，用以引导上源“西湖”之水。中都的西湖，即今莲花池所在。《水经注》记载：“湖东西二里，南北二里，盖燕之旧池也”，其面积远远大于今日莲花池水面。据1959年北京勘测处所测地形图，莲花池东西约650m，南北约500m。范成大诗有：“西山剩放龙津水”之句，似西山水先引入莲花池，再流至龙金桥。今莲花池上有二小河。皇城内西部同乐园水体——西华潭，应是金代的太液池❶，金代离宫——大宁宫水体的水源引自高梁河水系。关于金中都排水系统的文献很少。金建设燕京后，重视沟渠建设。中都“驰道甚阔，两旁有沟”，通过皇城的御沟，是中都城中最大的排水干渠。辽代升幽州为陪都，称南京，城垣

❶ 迺贤.《金台集》卷二，南城咏古十六首：“西华潭，金之太液池。”（诵芬室丛刻本）但西华潭之名称，未见金人记载。（转引自：蔡蕃.北京古运河与城市供水研究[M].北京：北京出版社，1987：174）

11.5km，四周凿有护城河，其水源主要来自莲花河。金代将辽南京城扩建为中都城，将原南京城的南、西、东护城河圈入中都城，在新建的周长约18.5km的城垣外，又挖掘了新的护城河。

（2）元大都园林供水系统

元代在中都城东北建大都城，将城址迁移至永定河冲积扇、洪积扇脊部，既可减少永定河洪水对都城的危害又可利用积水潭水域，大都“城方六十里”，城垣外均开凿有护城河（图3-13）。

元代新城设计者，考虑充分利用水量比较丰沛的高梁河水系，决定以金大宁宫水体为中心建大都城。为了保证宫苑水体的清洁，水源专由玉泉山引出的金水河供给（图3-14）。据《元史·河渠志》记载：“金水河其源出于宛平县玉泉山，流至和义门南水门入京城，故得金水河名”。为西苑北部兴圣宫等环境风景用水，在太液池西岸开了一条三四里（1里=500m）长的邃河。隆福宫的园林用水直接引自金水河，建四闸控制。元代通惠河贯穿大都，除漕运外，也是一条城市园林供水河道。

（3）明清北京城供水系统

明代北京城几经改建，形成内外二城，其形制呈“凸”字形。大城与宫城之四周凿有护城河。清袭明制，城区河道无大变化。为防御西山洪水对城区的威胁，利用清河、南旱河和玉渊潭进行雨洪调节。

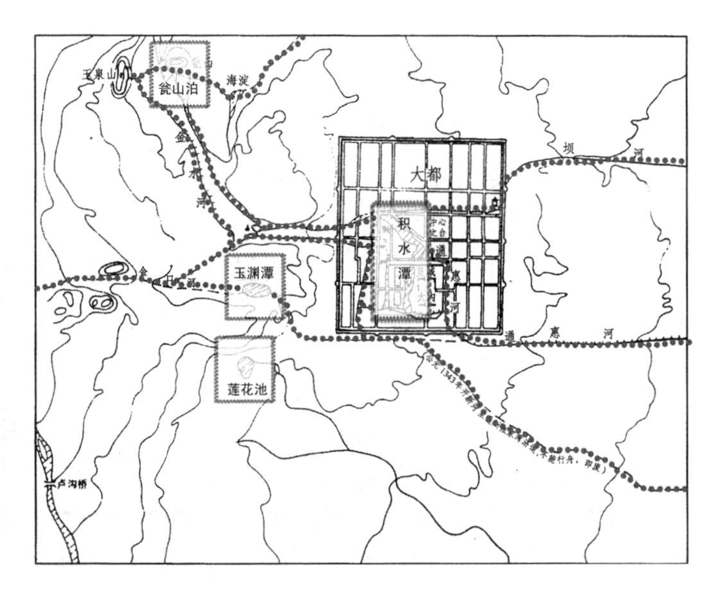

图3-13 元大都河湖渠道示意图（图片来源：底图源自《北京城的生命印记》）

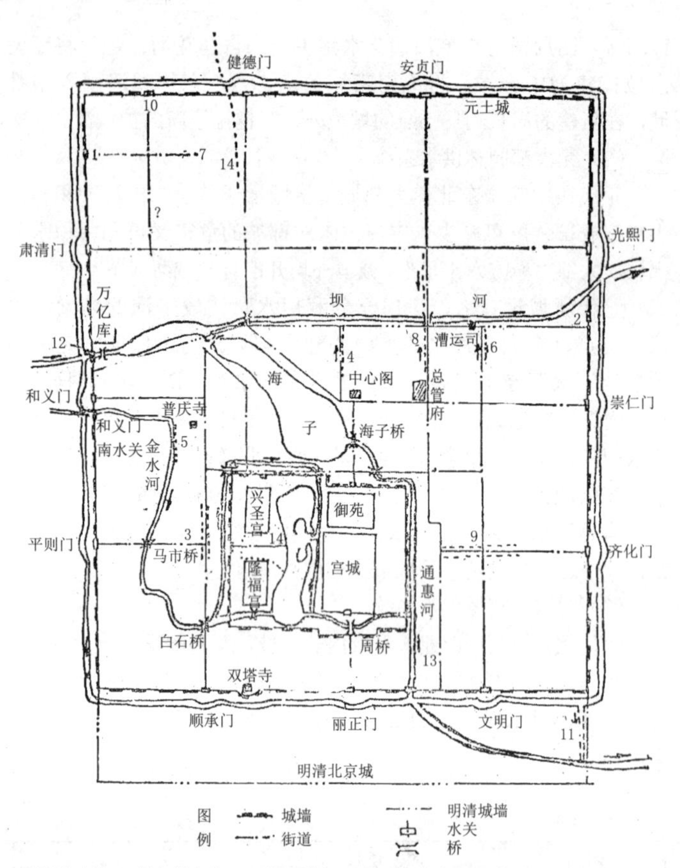

图3-14 元大都供水排水系统示意图（图片来源：《北京古运河与城市供水研究》）

1-学院路水关；2-转角楼水关；3-西四石排渠（以上据《考古》1972年1期）4-中心阁泄水渠；5-普庆寺西泄；6-漕运司东泄水渠；7-双桥几南北水渠；8-干桥东西泄渠（以上据《析津志》）；9-塔院水关遗址；10-护城河泄水渠；11-和义门北水关；12-南水关；13-水月芽河；14-邃河推测位置

明永乐后白浮翁山河断流，金水河断流，北京城供水唯有今昆明湖沿高梁河入城一条路线（图3-15）。清代积水潭水沿“李广桥溪”直通前海，过响闸后再转入后海，又疏浚玉渊潭，沿三里河通西护城河，将莲花池通外城护城河，但北京城供水总布局变化不大（图3-16）。

2. 城市与水系的发展

自金、元到明、清各代，为解决漕运问题，曾多次疏浚通惠河、坝河、清河，漕粮可直抵京城。此外，从中都、大都到明清的护城河水系也随着城址的变化发生着变化。北京古代运河与城市供水的历史，清楚地表明了城市发展建设和水利的密切关系，历史上北京兴修的大型水利工程，不论是运河、水库，还是大型

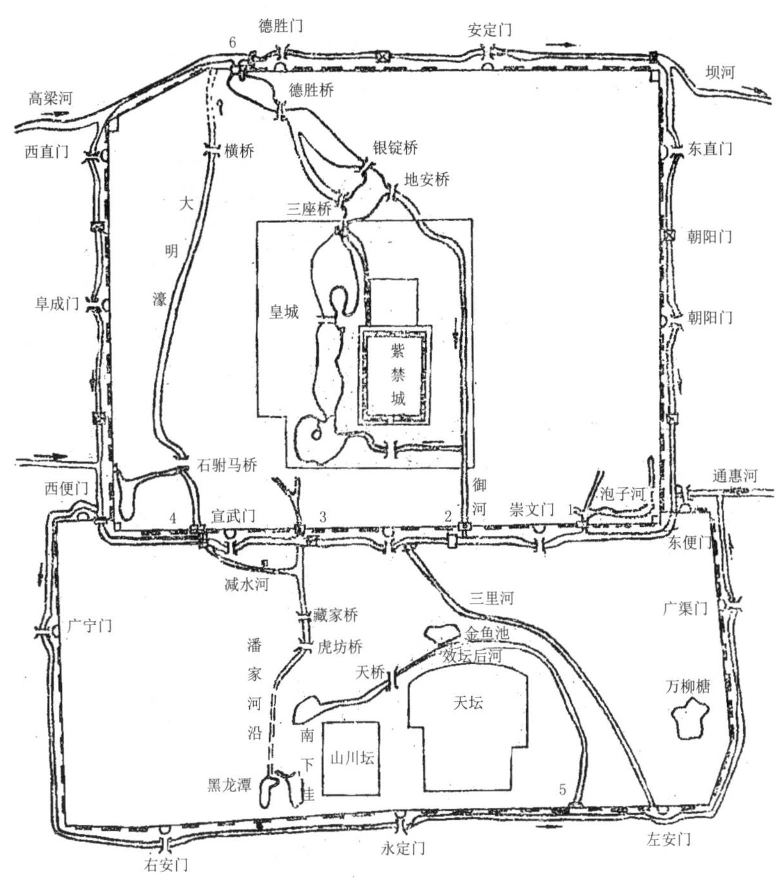

1-崇文门水关；2-南水关；3-宣武门东水关；4-宣武门西水关；5-左安六西水关；6-德胜门水关

图3-15 明万历中北京水道示意图（图片来源：转引自《北京古运河与城市供水研究》）

供排水渠，都是在中央统一规划下进行的，以实现综合利用。昆明湖发展的历史就是很好的一例。瓮山泊—西湖—昆明湖，不同时期的作用不尽相同，但是几百年来对北京的航运、灌溉、城市供水、美化环境等方面的作用，历久不衰。

（1）历史上的永定河与北京城

永定河古代称治水、漂水，又名卢沟河、浑河、无定河，之所以有无定河之称源于永定河经常泛滥使历史上的北京城饱经灾难。清康熙年间重新定名为永定河，位置在华北的西部，并5个省市、自治区，即陕西、内蒙古、河北、北京、天津，是海河水系中一条最大、最主要的河流，全长约680km，流域面积达4.7万km^2。历史悠久、源远流长的永定河，在古代经常泛滥而不断改道

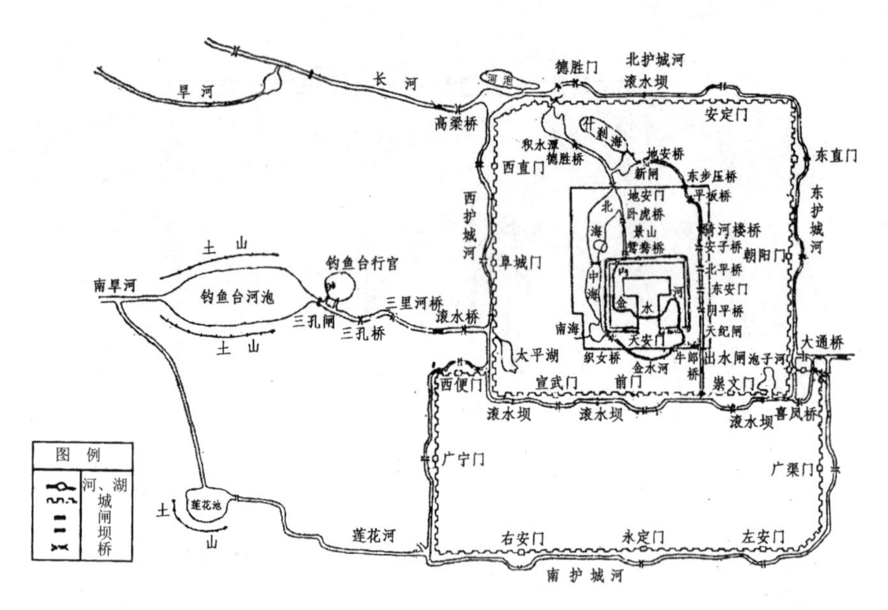

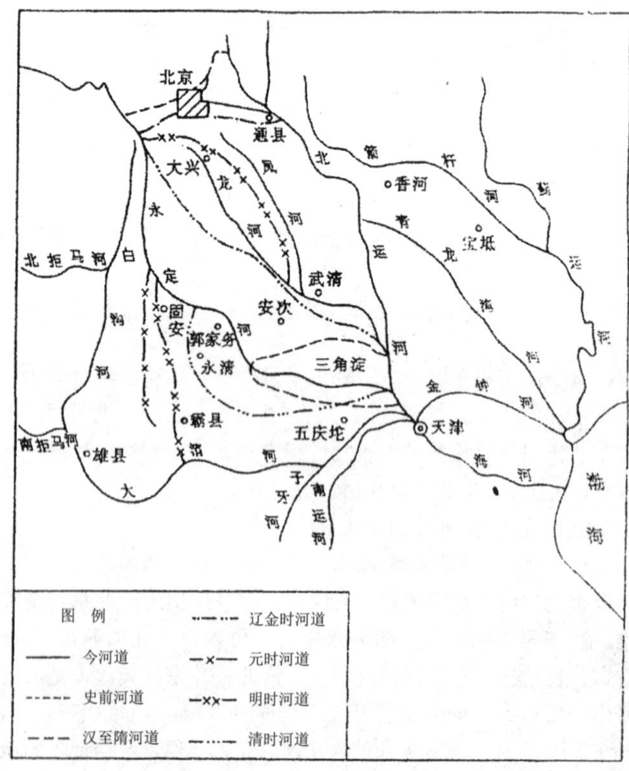

图 3-16 清末北京水道桥闸示意图（图片来源：《北京古运河与城市供水研究》）

图 3-17 永定河历代变迁示意图（图片来源：《水和北京》）

（图3-17），因此，历史上也就有了无定河之称。北京平原地处永定河的洪冲积扇上，在迁徙过程中，留下了众多的湖泊和丰富的水源，为北京的形成和发展提供了良好的自然基础。从燕都蓟城到金中都城，从元大都城到明清北京城，永定河由西向东日夜奔流，为城市提供了充沛的水源，而莲花池、太液池、积水潭、昆明湖（古代又称西湖）、南海子、延芳淀等湖泊，星罗棋布，使北京地区的自然环境分外宜人（图3-18）。

永定河是北京的重要水源，北京城在历代发展过程中，曾多次从永定河引水，以解决北京城内的饮水、灌溉以及漕运问题。永定河在哺育伟大的北京城的同时，也在不同历史时期丰富了北京城市的河湖水系。因此，永定河的发展变化在某种程度上对北

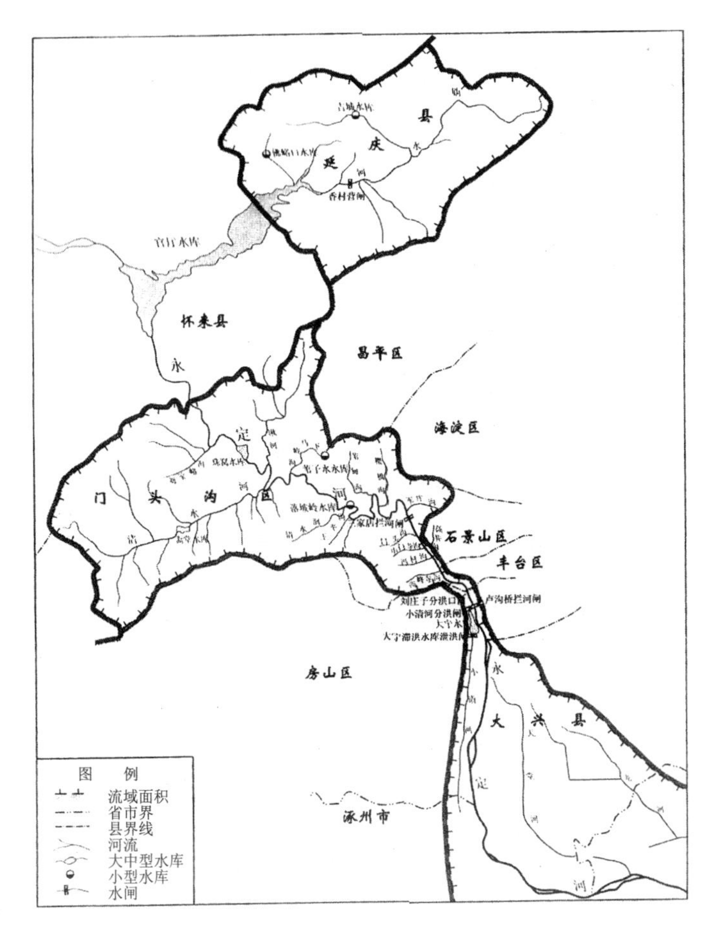

图3-18 永定河北京段水系示意图（图片来源：《水和北京》）

京城河湖水系的总体变迁产生了深刻影响。

（2）蓟城与附近河湖水系

古蓟城的一个显著地理标志就是蓟丘。《史记·乐毅列传》是最早提到蓟丘的文献资料。北魏郦道元《水经·漯水》进一步说明："蓟城内西北隅有蓟丘，因丘以名邑也，犹鲁之曲阜，齐之营丘矣。"依郦道元所记，蓟丘在蓟城内西北角，而且蓟城的名字就是得自此丘。虽北京的城池名称几经变化，但从蓟城到唐幽州城再到辽燕京城来看，城池的大小及位置还有周边水系几乎没变（图3-19）。此时城市河湖水系主要包括广安门外的西湖（今莲花池），为蓟城提供了极为便利的地表水源的洗马沟（今莲花河）、高梁河以及车厢渠等。

（3）金中都及河湖水系

中都城是在辽南京城的基础上，参照北宋汴京（开封）的规制扩建的。中都城周长37里（18.5km）有余，经过实测，四面城墙合计为18.69km。根据考古调查，全城近似正方形，但南北较东西略长。其东南城角在今永定门火车站西南的四通路，东北城角在今宣武门内翠花街，西北城角在今军事博物馆南皇亭子，西南城角在今丰台区凤凰嘴村。全城有12门，每面各开3门。东城墙门，北为施仁门，中为宣耀门，南为阳春门；西城墙门，北为彰义门，中为灏华门，南为丽泽门；南城墙门，东为景风门，中为丰宜门，西为端礼门；北城墙门，东为崇智门，中为通玄门，西

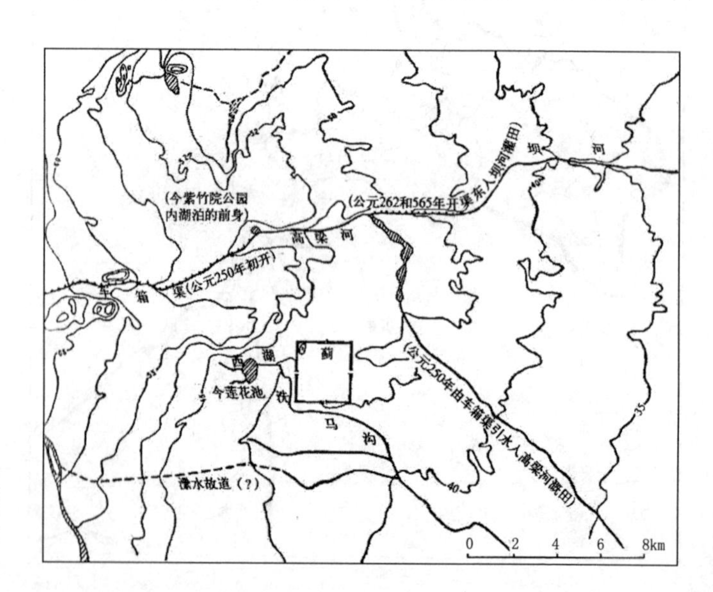

图3-19 古代蓟城近郊的河湖水系与主要灌溉渠道（图片来源：《北京城的生命印记》）

为会城门[13]。

中都建成后，金朝又在中都城郊建造若干处行宫。在中都城东北郊外有一片天然湖泊，当时叫作白莲潭。白莲潭是古永定河故道之一，原先称为“三海大河”，后来“三海大河”河谷积存高梁河水形成湖泊，至金代称为白莲潭，因湖泊中生长白莲而得此名。除大宁宫外，中都城西的香山、玉泉山也都有行宫。香山的景色，四季各不同。春季树木葱郁，山花烂漫；夏季浓荫蔽日，清爽宜人；秋季满山红叶，与松柏相衬；冬季白雪覆盖，一片银装素裹，因此，金代有“西山积雪”的美称。自金代开始，香山便成为皇家园林，此后帝王常来此游山玩水，登高远眺[14]。中都城作为金朝的都城，必须解决城市供水问题，这一切都是为了满足一个封建国家的统治中心的要求。为了运输漕粮，不能不设法利用与开辟水源，进行水利建设工程。金中都的水源包括两部分，一是宫苑流水的引导，二是近郊运河的开凿。金朝在修建中都城的时候，为了城内宫苑用水，就把发源于城西北西湖（今莲花池）的一条名叫洗马沟的小河，有计划地圈入城内，一方面利用这条小河的水源，开凿了环绕大城的护城河，另一方面还把这条小河引入皇城内，在皇城西部建成一个名为同乐园的极为优美的苑林区，又称西华潭或鱼藻池。同乐园内有瑶池、蓬瀛、柳庄、杏村等风景。

在中都城建成后，金朝为解决漕粮运输问题，又开凿了运河。金朝便从中都东北郊外的高梁河中游，开渠引水东至通州，沿渠筑闸积水，以济漕运，叫作闸河。但高梁河也是一条小河，发源于今紫竹院公园内的湖泊，水量有限。于是又开凿了从今颐和园昆明湖（元代称为瓮山泊）到今紫竹院公园的渠道，导引翁山泊之水（玉泉山诸泉下游的一支水也注入瓮山泊）南流，与高梁河水会合，一同流入白莲潭，由此分为两支：一支由白莲潭向东南注入闸河，抵达通州；另一支由白莲潭向南，为将通州的粮船送往城下，便将水渠注入北侧护城河之后，与闸河相接（图3-20）。

总之，金朝一代，中都漕运问题始终未能得以顺利解决。但金代对瓮山泊与高梁河水源的利用及金口河的开凿，给予后人的启示是不容忽视的，不仅为元代的水利工程提供了有益的借鉴，而且金口河工程实际也就是今日北京所兴建的永定河引水工程的前驱。

金中都城的河流供水系统有三个，一是从古代洗马沟（金称西湖，今莲花池）发源，东流围绕辽南京旧城西部及南部的河，

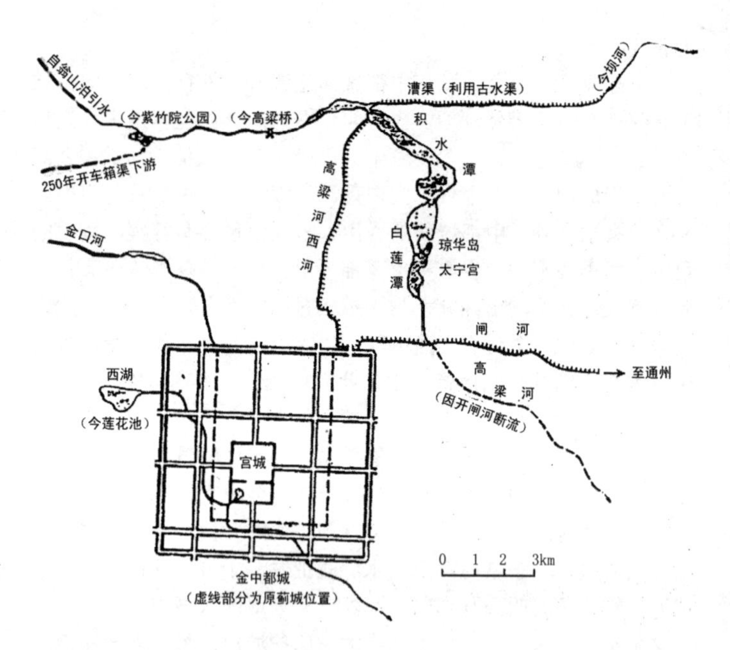

图 3-20 金中都及河湖水系图(图片来源:《什刹海》)

此河东流经鱼藻池南、宫城应天门南、于悯忠寺南，今姚家井迤北向北流，又经今烂漫胡同北流，原为辽南京西南东三面的城濠。中都扩建之后，成为中都之内河。此旧城濠在今尚未完全干涸。二是从钓鱼台蓄水池（今玉渊潭）向东南流至会城门，进入护城河，又经长春宫北之水进入城内，流经中都城北部，向东从施仁关北水流出城外。三是从中都城正北方高梁河南引，经南北向之大水渠（今南北沟沿）导入中都城的北护城河。

（4）元大都及河湖水系

元大都并不是在金中都城的旧基上建造的，如果说金中都城乃是在北京最早的一个城址上建立起来的最后而且也是最大的一座大城，那么元大都城则在另外的一个新址上，为现在的北京城奠定了最初的基础 [15]。忽必烈之所以决定放弃千年旧城，另选新址建城，主要由于两个原因。一是因为中都城比较残破，特别是宫殿已经荡然无存，改造旧城要大拆大建及迁动居民。二是从城市供水的角度考虑到，大都城在今后的发展过程中，对水量的要求会逐渐加大，而中都城的莲花池水系，水量有限，已经不能满足大都建设的需求。而大宁宫的湖泊上接高梁河，水源兴旺，较能满足城市发展的需要 [16]。

大都城的营建，有一个完整的总体规划。这个总体规划，有两个指导思想。第一个指导思想是考虑水源，首先确定宫城位置在太液池（今北海和中海）以东地方。第二个指导思想是力求实现《周礼·冬官考工记》中的理想规划。《考工记》成书于战国，它记载了一个理想的都城设计方案："匠人营国，方九里，旁三门。国中九经、九纬，经涂九轨。左祖，右社，面朝，后市。"元大都的规划布局是最接近于《考工记》的都城设计理想的。

大都城的修建使金代白莲潭水域发生重大变化。白莲潭原在金中都的东北郊，大都城建成之后，遂被全部圈入城内，并被截断一分为二，南部水域（今北海、中海）被圈入皇城（当时称为萧墙）之内，称为太液池，为皇家苑囿，北部水域（今什刹海）被隔在皇城外，称为积水潭，又称海子。当大都城修建时，在和义门（今西直门）南北各设一座水关，积水潭上游之水自北水关入城。

大都城的布局是相当整齐优美的，超过了中国历史上的其他都城。但从交通上说，大都城也存在着严重的缺陷。大都城进行了一系列的水利工程，主要包括3项。一项是在郭守敬的倡议下，配合大都城的修建，重开在金代已经堵塞的进口的工程；第二项是金水河工程；第三项是通惠河工程。金水河是为宫廷饮水及宫廷苑囿用水而开凿的，它与宫苑同时建设完成。通惠河尤为重要，是为运输漕粮而开凿的。大都城内的两条水道，一条是由高梁河、海子、通惠河构成的漕运系统；另一条是由金水河、太液池构成的宫苑用水系统。但是积水潭以高梁河为水源，水量不足，必须设法开辟新水源。自从通惠河建成后，积水潭即成为大都城中水上交通中心，当时不仅漕船可以直达积水潭，而且南方的商船也可以停泊于积水潭，因而积水潭东北的城中心区，便成为当时商业最发达的地方。积水潭中出现了"舳舻蔽水"的盛况。金水河和通惠河还与护城河有关（图3-21）。

公元1267年的元朝，堪称是北京历史上水系最辉煌的时代。为保证宫苑内的水质，元大都开凿金水河，同时在当时为实现环城通航的需要，引白浮泉之水以济漕运。

运河和海运方面，"园都于燕，去江南极远，而百司庶府之繁，卫士编民之众，无不仰给于江南"。[17]把江南丰富的物资，千里迢迢地运到大都，主要通过两种途径，一是河运，另一是海运。元朝在前代基础上，大规模整修运河。平江南之初，北运粮食等物需要水陆兼运，"自浙西涉江入淮，由黄河逆水至中滦旱站，陆运至淇门，入御河，以达于京"。元朝官府先后开凿和修治了通惠河[即大都运粮河，从大都到通州，长约一百六十里

(80km)]，通州运粮河（从通州南下入大沽河，西接御河），御河（从今天天津南至山东临清，接会通河），会通河[从临清至山东东平，长二百五十里（125km）]，济州河（山东东平至济宁，接泗水，入海河），一直和南方原有的运河相连接。这样，将海河、黄河、淮河、长江、钱塘江五大水系相互贯通。在忽必烈统治时期，大都的粮食供应，主要依靠运河运输。元代注重开发北京地区的水资源以发展漕运，并取得了空前的辉煌成就。

元大都城市建设对水系的利用和改造与城市景观的建设相结合，元大都水利工程中作为扩充水源、解决漕运用水等方面的工程措施，随后演变成了风景名胜区和北京市民的游览胜地。

长河从元代开始，发展到了明代，就形成了以柳林为特色的著名风景区，尤其是高梁桥一带，成为城里的人们郊外踏青的首选之地。呈现出“夹岸高柳，垂丝到水”的景象，而且每逢清明节、端午节，“踏青游者以万计”，足见其盛况空前。当时，人们踏青高梁桥，既是观赏旖旎风光，又是一种庙会型的娱乐。“骄妓勤优，和剧争巧”，一派丰富生动的风情画面。除长河以外，元代又重修了通惠河，成了大都赖以生存的水脉，人称“民无挽输之苦，国有储蓄之富”。此外，通惠河也是一条承载着游览功能的观光河，在这条供人游览的河道两侧，高柳拥堤，碧波清流。

元大都城市建设的水利工程，有的成为与景观、风景园林建

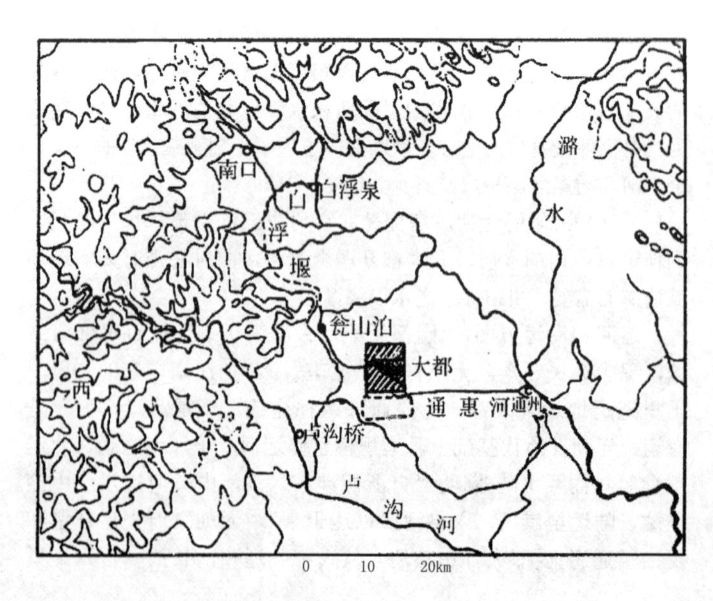

图 3-21 元大都城近郊河渠水道略图（图片来源：《什刹海》）

设紧密结合、效果十分显著的典范，有的为以后的景观、风景园林建设奠定了良好的基础。

（5）明清时期河湖水系

明朝是在元大都城的基础上建立起来的，充分继承了大都城的建设思想，达到了全新的艺术高度。到了清朝时期北京城的建设仍全部沿用明城旧址，未做更动，并且一直保留到新中国成立前。在河湖水系的利用上，明朝虽多次兴修水利，但并未取得成功。直到清朝中叶，虽然在郊区借兴建西北郊园林之机，对水源进行了治理，有些建树，但城市内的水道却日益湮废。直到清朝乾隆年间，为了兼顾城内湖泊河渠和西郊园林的用水，才被迫考虑开辟新水源（图3-22）。

经过周密的设计，决定扩大瓮山泊，并将扩大后的瓮山泊改称为昆明湖。而原来位于瓮山泊东岸的龙王庙，经扩建后变成了湖中的一个小岛。为了留住从上游汇集的水，分别在昆明湖的东堤下和南北两端，各建一座水闸，这样将闸关闭后，从上游来的泉水就会源源不断地汇集湖中，以备引用。

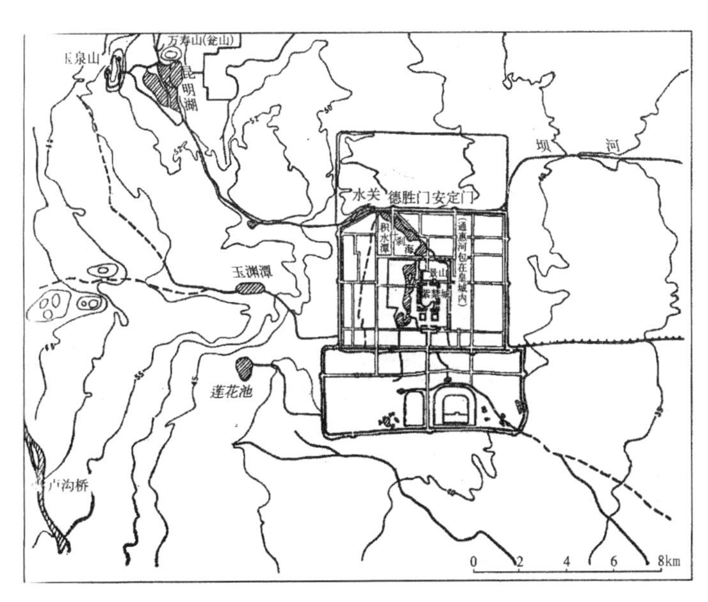

图3-22 明清北京城与城郊主要水道的变迁（图片来源：《什刹海》）

第4章

北京古代公共园林发展的历史阶段

中国古代园林如果按照其活动对象而言可以归纳为两类：一类是带有公共游览性质的风景名胜园林和寺庙园林；另外一类是纯属私有性质的帝王宫苑和私家宅园。北京古典园林历史最久、持续时间最长、分布范围最广，内容深厚，北京园林由于自身的地理条件和历史背景，形成自己的特殊风格。如果按照园林的隶属关系来分，可以分为皇家园林、私人府宅园林、祭坛园林、寺庙园林、公共游豫园林、帝王陵寝园林6种类型。[1]

北京最早出现公共游豫园林（简称公共园林）是在三国时期，蓟城西郊的“太湖”，亦称西湖（今莲花池公园），就是蓟城民众喜游的公共园林。莲花池水系有着重要的历史地位（图4-1），北京城的前身古蓟城就是诞生于此。莲花池水系是古蓟城的重要水源，哺育了蓟城的成长。而蓟城是华北北部的交通枢纽，早在战国时期，它就成为燕国的国都，后经过隋唐、辽金时期的发展，到元代时，该地区重要的地理位置促使人口迅速增加（辽南京的人口约为15万左右，金中都时达到40万，元大都南北二城人口近于百万[2]），元大都时期已经成了近百万人口的大都市，大都居民的游览之风益盛，所谓“踏青斗草”成了大都民众的习俗，同时带动了公共园林建设及公共游览地的发展。当时游览的地段较多，如积水潭、西湖（今昆明湖）、积水潭至昆明湖的沿河两岸、玉泉山护国寺，以及中都城的残存遗址等。明、清两代，公共园林分布更为广阔，内城有什刹海、太平湖、泡子河，外城有金鱼

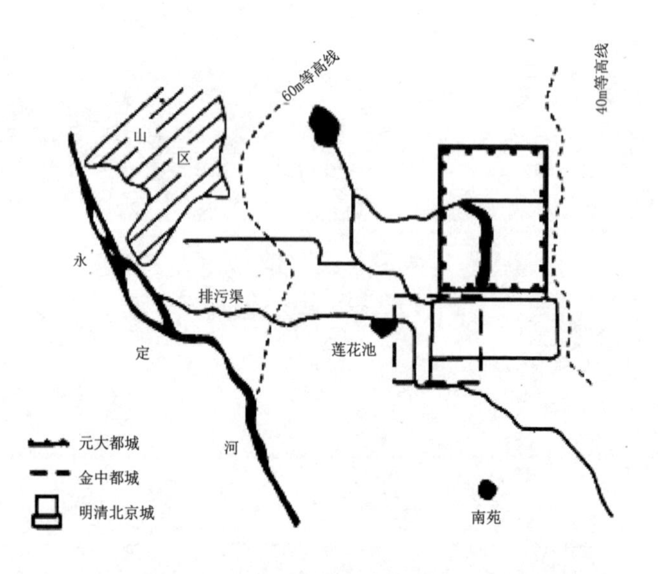

图4-1 莲花池地理位置图（图片来源：《莲花池的环境特征及其保护》）

池、南下洼、陶然亭以及东便门外二闸地段，西直门外高梁桥等都是游人涉足之地。[3]

北京地区公共园林的发展一方面与历代北京的城址变迁、城市水利有关，另外与历代名士文化、山水文学以及游历山水的移风易俗有关，笔者根据相关史料记载，对《日下旧闻考》、《宸垣识略》、《天咫偶闻》、《帝京景物略》、《旧都文物略》、《长安客话》等古籍中记载的与北京公共园林相关的资料进行研读，同时参照汪菊渊先生的《中国古代园林史》、周维权先生的《中国古典园林史》、赵兴华先生的《北京园林史话》等关于北京园林的资料，梳理出明清以前的北京公共园林的发展历程，以时间为序，大致分为以下几个阶段：即魏晋时期、隋唐时期、辽金时期、元大都时期和明清时期。

4.1　魏晋时期

4.1.1　城市背景

东汉献帝延康元年（220年）十月，曹操子曹丕代汉自立，国号魏，建元黄初，是为魏文帝。三国曹魏时（220～265年），历五帝，计46年，今北京地区仍属幽州。蓟城仍为幽州治所。魏晋时期，幽州蓟城是曹魏政权北部边地军事重镇，它不仅是中原地区的北边屏障，也是曹魏经营辽东地区的前进基地。

4.1.2　公共园林的生成期

蓟城一带的天然风景是公共园林产生的基础。蓟城不但城市功能齐全，而且蓟城近郊也有园林风景地段，如《晋书》记载："晋，成都王颖，密使又司马和演杀王浚，于是与浚期游蓟城南清泉水上。"蓟城西墙设有两门可通向清泉河。这个清泉地区就是蓟城南郊有名的宴集游览地段。《水经注》卷十三"湿水又东北径蓟县故城南"，《魏氏土地记》曰："蓟城南七里有清泉河……水俱出县西北平地，道泉流结西湖，湖东西二里，南北三里，盖燕之归池也。绿水澄澄，川亭望远，亦为游瞩之胜所也"。据《水经·漯水注》记载，蓟城南七里（3.5km）有清泉水（今北京凉水河），原是桑干河干流。清泉河畔风光秀丽，魏晋以来这里一直是蓟城地区百姓郊游之所。该地区应该说是与战国时代的督亢地区相连属的，是从古代延续下来的，昔日曾大量分布着宫苑台观，是优美的风景区，也是有较多名胜古迹的地区[4]。

三国曹魏时，在蓟城的北郊分布着较多湖池。曹植诗《艳歌》中就描绘了蓟城郊外的园林景色："出自蓟北门，遥望湖池桑，枝枝自相植，叶叶自相当。"当时蓟城的北郊应包括今之莲花池、紫竹院（古高梁河水源）、什刹海一带之三海地段，玉渊潭，巴沟低地之万泉庄地段等，这些地方都是贵族地主们的桑园区，长期冲积，在西山地区逐渐形成海淀、万泉庄、紫竹院、玉渊潭、莲花池、陶然亭等风景也是极为自然优美的地带，是士大夫们举行修禊活动与宴集的地方。[5]经永定河湖泊，在永定河扇地上的地下水溢出带上，形成了莲花池及其周围分布着的许多浅池湖沼。莲花池，水面辽阔、莲花盛开、野鸭成群、美不胜收。池北面濒临湖沼的高地，是古人居住的理想场所，莲花池水系是古蓟城的重要水源，哺育着蓟城。莲花池地区的地理位置十分优越，湖旁的蓟城是华北北部的交通枢纽，早在战国时期，它就成为燕国的国都，以后又成为辽南京、金中都、元大都。北魏（386～534年）的郦道元在《水经注》中称："漯水（今永定河）又东与洗马沟水合，水上承蓟水西注大湖，湖有二源，水俱出其西北，平地导源，流结西湖。湖东西二里，南北三里，盖燕之归池也。缘水澄澹，川亭望远，亦为游之胜所也。湖水东流入洗马沟，侧城域南门东注。"文中的"大湖"、"西湖"就是指莲花池。洗马沟即今日莲花河。1959年经实测，莲花池东西长约650m，南北长约500m。蓟水为莲花池上游的小河。若以一里为435.6m算，当时莲花池面积是1.14km^2，5倍于今日莲花池面积。可见，当时莲花池不仅是绿水澄澹，而且河、湖相依，地表、地下水流畅溢，湖水鲜活。是人们优良的休憩之地。[6]

另外，北魏时期的幽州是佛教聚兴地区之一。幽州文化中带有较浓厚的佛教色彩，幽州城三面环山，清泉纷涌，多有风景胜地。相传今北京最早的寺庙园林——潭柘寺，古代有龙潭、柘林，故称潭柘寺。"先有潭柘，后又幽州"的说法，足见潭柘寺历史悠久。幽州地区佛教寺院的大量兴建，开拓了寺庙园林造园活动的新领域，对于风景名胜区的开发也起着主导作用。同时也促进了寺庙类型的公共园林的产生和发展。

4.2 隋唐时期

4.2.1 城市背景

隋唐结束了三国两晋南北朝长达270余年的分裂割据局面。隋

图4-2 隋唐时期幽州城示意图

朝建立后，幽州的地位和作用不断提高。为加强对各地的统治，隋炀帝即位后，便将全国所有州改称为郡，幽州即为涿郡。在隋朝统治的37年后，被农民起义所推翻，各地官僚、豪强乘机反叛，割据一方。618年，豪强李渊削平割据势力，统一全国，建立唐王朝，开始了唐朝近300年的大统一。唐幽州城是北方军事重镇，据《太平寰宇记》载“蓟城南北九里，东西七里，开十门。（前燕）慕容儁铸铜为马，因名铜马门”，可见，唐幽州城是一座南北略长、东西略窄，平面呈纵长方形的城池（图4-2）。另据《元和郡县图志阙卷逸文》卷一记载，唐代幽州城，南北9里，东西7里，开有10门，可推断出，唐幽州城的周长23里。

4.2.2　公共园林的发展期

隋唐盛世推动了公共园林的建设。隋唐时期的中国园林发展到了全盛时期，隋代继北朝之后，加大对北京地区的建设规模。为了加强在北方的政治统治和军事的需要，隋朝自605～609年，兴建了3项与涿郡蓟城有直接关系的工程。一是修御道。二是开挖沟通南北两市四省的京杭大运河。大运河开通后，又下诏民间于河渠两岸遍植垂柳。据《隋书·开河记》记载：“栽柳一株赏缣一匹，百姓竞植之。”由此可知，当时利用奖赏制度促进了城市河流两岸的园林建设，也在客观上促进了公共园林的发展。大运河的开通成为南北经济交流的大动脉，对后世北京政治、经济的发展起到巨大的推动作用。三是在涿郡修建临朔宫和祭坛。

唐幽州城内外建有许多园林，例如今天积水潭的位置上，唐时为幽州城东北郊，有王镕的海子园。《光绪顺天府志》载："海子之名，见于唐季，王镕为镇师，赏馆李匡威于此。北人凡水之积者，辄目为海，积水潭汪洋如海得名。"《咏归录》载："都人呼飞放泊为南海子，积水潭为西海子，按海子之名见于唐季，王镕为镇师，有海子园，赏馆李匡于此。"《北梦琐言》载："李匡威（亦为幽州镇师）少年好勇，不拘小节，以饮博为事，一日与诸游侠辈钓于桑干河上赤栏桥之侧。"这里点出了幽州城南有一处市民可以随意游览的地段，有着红色栏杆的桥，也就是碣石宫、临朔宫、清泉河一带。

唐朝佛教兴盛发展，从唐初开始，燕地普遍建造寺庙。盘山之寺庙如林，寺庙园林在唐代最为盛行，幽州地区寺庙园林发展多达60余所。此时，佛教的发展带动了寺庙园林的建设，趋于兴盛。如，唐幽州藩镇故城东南隅（即今西城区法源寺前街处）的悯忠寺（今法源寺）内"唐松交宋柏，葱郁作长春（图4-3、图4-4）"；慧聚寺（今戒台寺）"千载古松号卧龙，居然雨露受尧封，历尽多少沧桑感，之乱兴衰不动容"（图4-5、图4-6）；还有云居寺和石径以及房山八景之一的"孔水仙舟"万佛堂孔水洞等。寺庙及寺庙园林的兴盛为下一阶段的寺庙公共园林的发展奠定了基础。

4.3 辽金时期

4.3.1 城市背景

辽会同元年（938年），契丹族建立了政权后，升唐幽州城为辽的陪都南京，辽代的南京（燕京）即是唐代幽州治所蓟城，从史书记载和考古材料来看，南京城四墙位置与唐幽州城基本上是一致的。辽开泰元年（1012年）改南京为燕京，改幽州府为析津府。析津府直属十一县，其中七县在今北京市境内。辽南京（燕京）这时发展为中国北半部的政治中心。

金灭辽后，贞元元年（1153年）完颜亮正式迁都燕京，改燕京为中都。金朝在迁都燕京、扩建都城、营造宫殿时，开始兴建御苑。金中都是当时规模空前的一座城市，对后来北京地区园林的发展，起到奠基的作用。据记载，金中都是仿照北宋汴京之规划，在辽南京城基础上扩建的。中都皇城内的宫城，是在辽南京（燕京）子城中的宫殿区的基础上扩建成的。新建成的中都，是一

图 4-3

图 4-4

图 4-5

图 4-6

座环境优美，街市繁华的都城。由此开始，北京成为北方封建王朝的都城，并将向全国都城过渡（图4-7）。

4.3.2 公共园林的过渡期

金中都园林的开发，是北京古代园林史上的开拓期，奠定了后来北京园林的布局基础。在扩建都城，营建宫殿的同时，开始建设宫廷园林。金中都城内和郊外都分布着许多人工、天然河流湖泊，城内宫廷园林以西苑为主，还有东苑、南苑、北苑，都是金帝及皇室经常游玩的场所。郊外的风景优美处，往往进行绿化

图 4-3 唐悯忠寺故址（图片来源：王小玲提供）

图 4-4 法源寺（图片来源：王小玲提供）

图 4-5 戒台寺（图片来源：王小玲提供）

图 4-6 戒台寺龙松和凤松（图片来源：王小玲提供）

图 4-7 辽南京城复原示意图（图片来源：《金中都》）

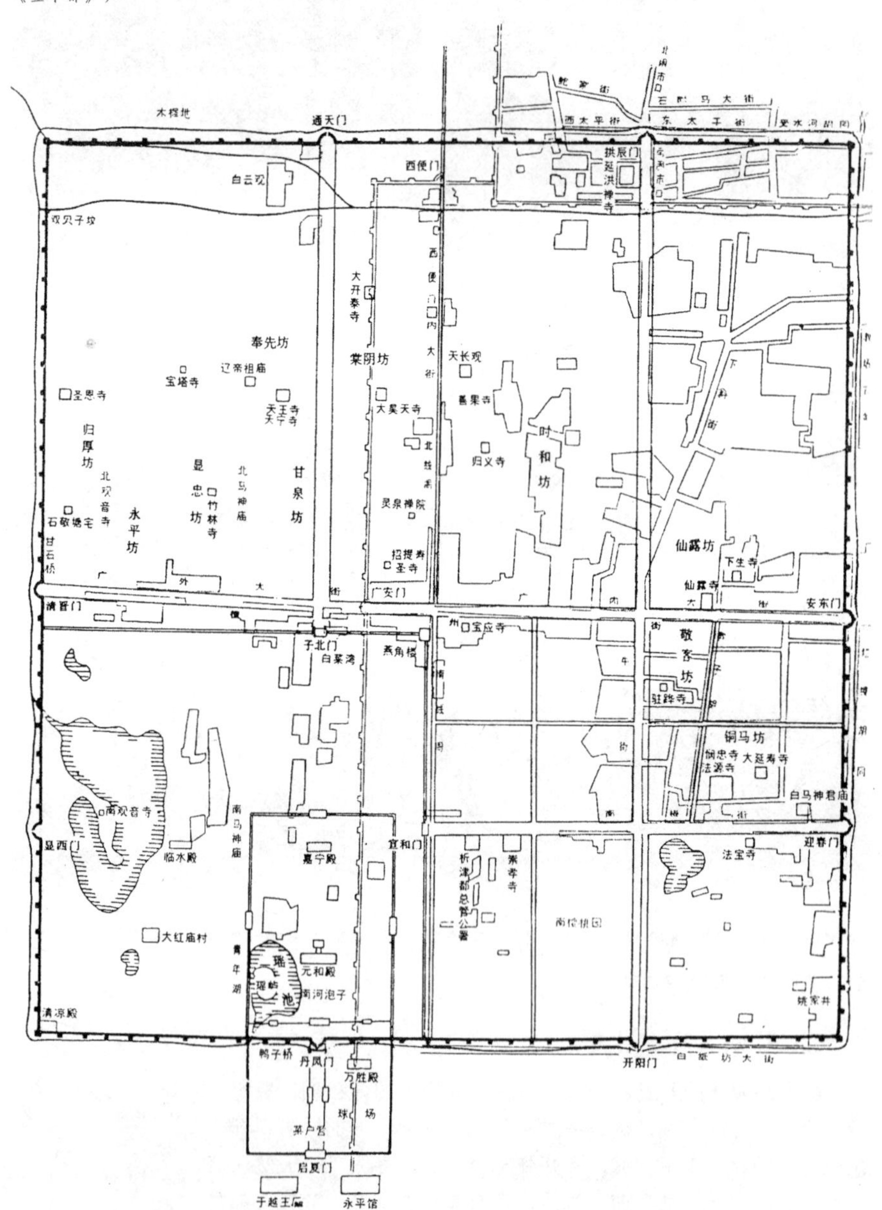

和一定程度的园林化建设而开发成为供士民游览的公共园林。城西北郊的西山、玉泉山一带早在唐、辽时即为佛寺荟萃之地，后代又陆续修建大量寺院，其中以香山寺规模最大。随后，香山及西山一带的佛教兴盛，佛寺众多，逐渐发展成为以寺庙为主体的公共园林集中地。诸如此类的公共园林和风景名胜地，再加上分布城内外的众多宫苑、私家园林和寺观园林，更增添了中都城市和郊外的环境景观之美。[7]

钓鱼台在中都城外之西北方，由金代修建的钓鱼台，离会城门很近（即今之玉渊潭）。相传此地在辽时即为一蓄水池，从西山下来的泉水汇集于此，当地亦有泉水。“台下有泉涌出，汇为池，其水至冬不竭”，宛似江南水乡。钓鱼台在金之后，对外开放，景色优美，《日下旧闻考》、《秋涧集》、《玉渊潭讌集诗序》云“柳堤环抱，景气肖爽，……沙鸥容于波间，幽禽和鸣于林隙”。西湖为金中都风景区，即莲花池前身，其历史地位十分重要。金扩建中都时，把辽南京的西、南护城河变为都城之内河，西苑中的太液池、鱼藻池、浮碧、游龙等湖水均由西湖供给，因此，西湖成为金中都的重要水源（图4-8）。《明一统志》云：“广袤十数亩，傍有泉涌出，冬不冻，东流为洗马沟。”由此可知，洗马沟之名到明时仍在沿用。《滏水集》诗二首：“倒影花枝照水明，三三五五岸边行；今年潭上游人少，不是东风也是情。……醉里不知归去晚，先声留着颢华门。”说明这个“潭上”在颢华门外，即为西湖。此苑不一定是御苑，一般人民亦可游玩[8]。卢沟桥跨越卢沟河上，岸边植柳，作为中都门户之一，同样是都人常游之地。赵秉文《卢沟》诗云：“河分桥柱如瓜蔓，路入都门似犬牙；落日卢沟河上柳，送人几度出京华。”[9]城北郊的玉泉山，山环水抱、林木森然，除一处行宫御苑之外，大部分开发成为公共游览胜地。赵秉文《游玉泉山》诗云：“夙戒游名山，山郭气已豪；薄云不解事，似炉秋山高。西山为不平，约略山林稍；林尽湖更宽，一镜涵秋毫。披云冠山顶，屹如戴山鳌；连旬一休沐，未觉陟降劳。”

此外辽代佛教盛行，南京城内及近郊地区均有许多佛寺，在玉泉山、西山一带的佛寺依附于山岳自然风景，在当时就成为著名的风景名胜地。佛教如此兴盛的原因与唐末和后周的两次灭佛运动有关，也正是因为这两次大规模的灭佛运动为远在边陲之地的燕京地区佛教的盛行创造了条件。此时，辽朝为加强统治，大力扶持佛教。寺庙园林逐渐增多，规模也不断扩大。辽南京（燕京）到处佛刹林立，大小佛寺遍布村镇，数以千计。

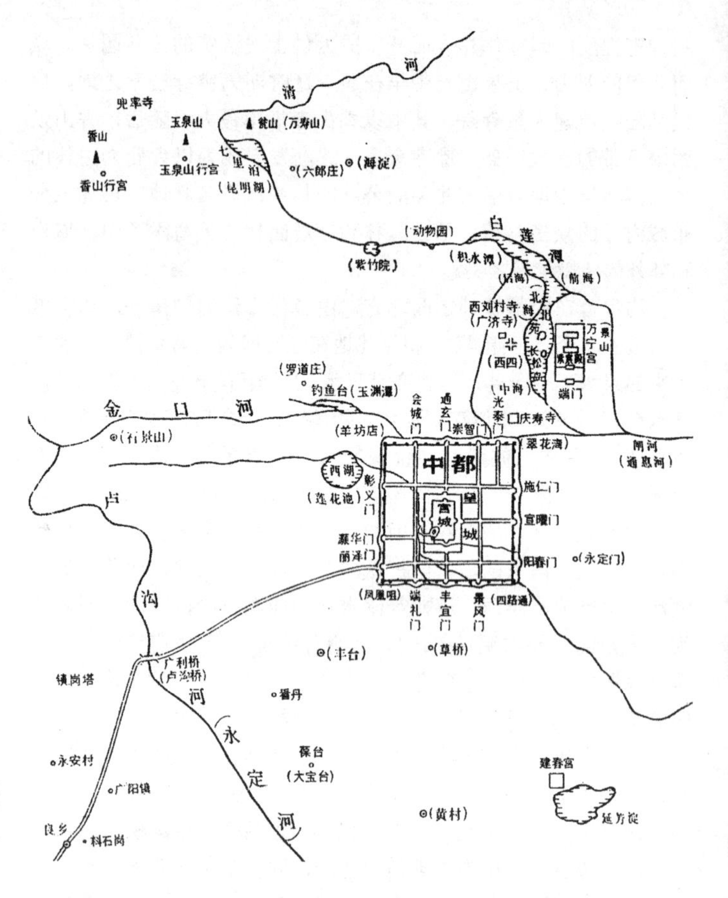

图4-8 金中都城及近郊行宫分布图（图片来源：《北京园林史话》）

寺庙兴盛促进公共园林的发展。辽南京作为辽朝五京之一，除宫室之外必然要有皇家苑囿、御苑、离宫。辽南京的御苑，据《辽史》记载，主要有长春宫、内果园、栗园、延芳淀，还有华林、天柱二庄和瑶池，辽代帝王经常到苑中游幸。据史书记载，辽南京（燕京）有柳园、凤凰园、内果园。《辽史·圣宗纪》载：太平五年（1052年）“十一月庚子，幸内果园宴，京民聚观，求进士得七十二人，命赋诗，第其二拙，以张昱等一十四人为太子校书郎，韩亦士等五十八人为崇文馆校书郎。燕民以车驾临幸，争以土物来献，上赐酺饮。至夕，六街灯火如昼，士庶嬉游，上亦微服观之。”据此记载，内果园是燕京城内一处御苑，由“京民聚观”、“士庶嬉游”可知其当时是王宫显贵、文人骚士和平民百姓均可游览之地，具有公共园林的性质。

4.4 元大都时期

4.4.1 城市背景

元大都是自唐长安以后，平原上新建的最大的都城。是13世纪、14世纪元朝官府在原燕京城旁边建立的一座崭新的大都城。元朝是世界上最强大的帝国。全城规则严整，井井有条（图4-9）。京城“右拥太行，左挹沧海，抚中原，正南面，枕居庸，奠朔方，峙万岁山（琼华岛），太液池，派玉泉，通金水，萦畿带田，负山引河。状者帝居，择此天府”[10]。

大都城是在周密的计划和详细的地形测量基础上建成的。形制上的3套方城、中轴对称的布局是继承我国古代城市规划的优秀手法，对后世北京城的建设和发展都有着重大影响。元代结束了长久以来民族间的对峙割据动乱的局面，实现了全国的大统一。它的宏伟壮丽，在当时世界上可以说首屈一指。因此，元大都成为世界上最为宏伟壮丽的城市。

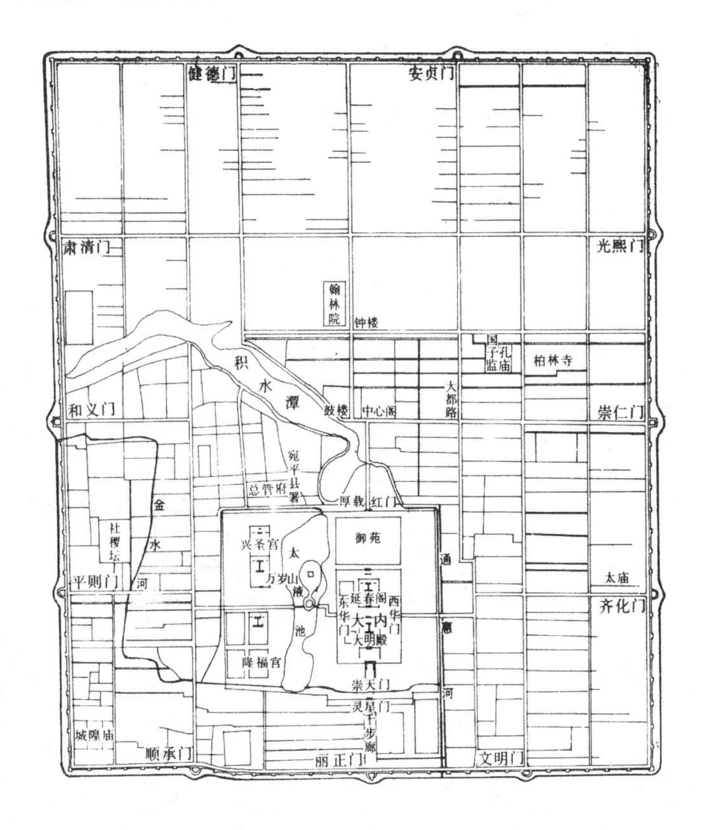

图4-9 元大都宫城图（图片来源：《北京园林史话》）

元大都是全国的政治、经济、文化中心，在政治方面，元官府对大都城实行严密控制。在经济方面，“水深土良厚，物产宜硕丰”，大都地区有较丰厚的自然条件，通惠河的修治，有利于粮食作物的生产。大都城也是元代北方最大的手工业中心和商业中心。在文化方面，注重理学，从而在思想上巩固封建统治。作为一个在北京城市发展历史上人口近百万的大都市，经济的发达，贸易往来的活跃，社会的安定以及文化的繁荣，这些时代背景是成就大都时期园林建设和公众游览繁盛的基础。

大都时期园林的特点主要是士大夫园林或小园林的蔚然兴起，元代对园林的建树虽不及唐、宋、金，但却有着特殊的贡献。在大都城的东郊、南城和西北郊均分布着具有公众游览功能的公共园林，并且都是老百姓可以游览的地段（图4-10）。

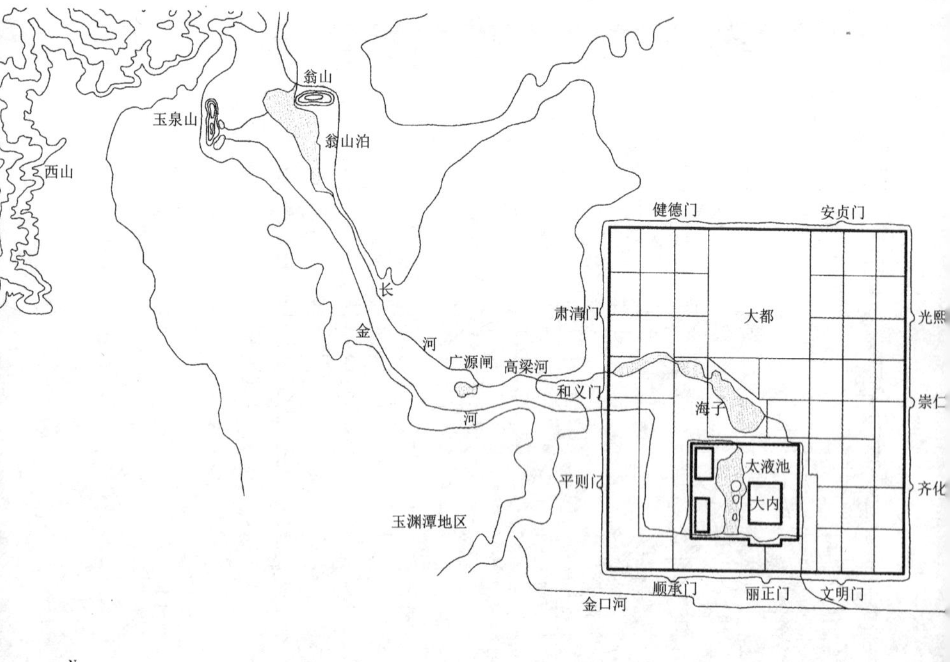

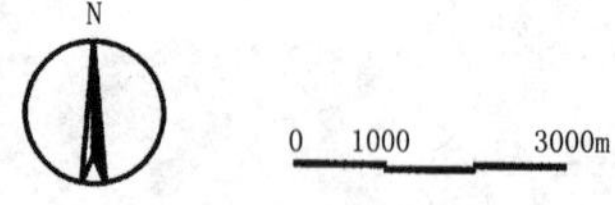

图4-10 元大都及其西北郊平面图（图片来源：《北京私家园林志》）

4.4.2　公共园林的转折期

元大都时期是北京城市发展和园林发展的重要历史阶段，元代，大都居民的游览之风益盛，所谓“踏青斗草”成了大都民众的习俗。当时游览地段较多，如积水潭（图4-11）、西湖（今昆明湖）、玉泉山以及中都城残存遗址等，是当时大都人民常去的游览场所。积水潭在德胜门内，什刹海之北有净业寺，故一名净业湖。潭中有汇通祠，祠旧名镇水观音庵，乾隆时改名为积水潭。此外，还有蟠桃宫、二闸、满井、金鱼池、泡子河、陶然亭、什刹海以及西山地区的杏花、梨花、柿林、玫瑰等植物景观和自然景区。

伴随金代依托莲花河水系逐渐发展为元代依托高梁河水系，大都城公共休闲的空间格局发生了变化，将金水河引入城内影响了当时大型皇家园林的建设，而通惠河的开凿，使京杭大运河与积水潭、高梁河以及玉泉山西湖的水体全部连通起来，也带动了岸边大量寺庙和一些贵族官员文人们营建的有着一定开放性的私园的建设，如董定宇的千株杏园在当时颇有名气，“都人观赏无虚

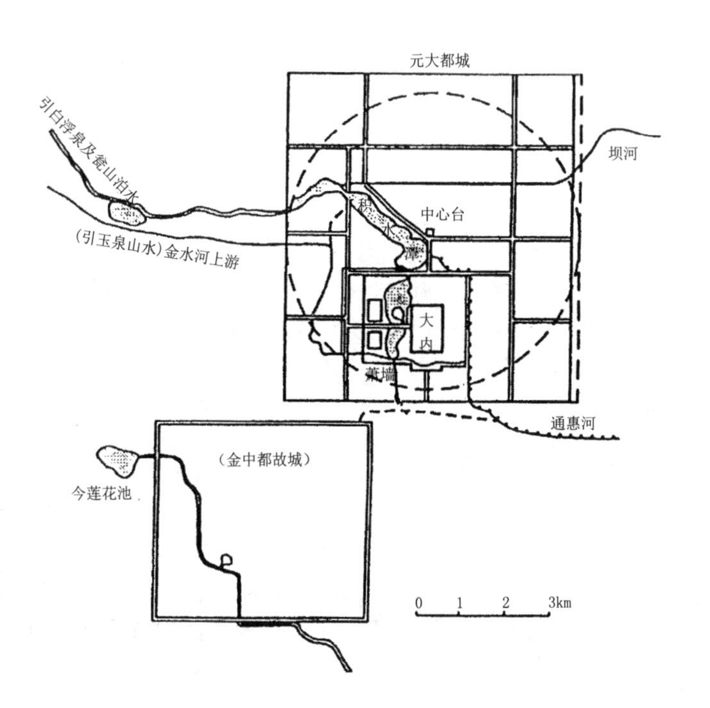

图 4-11 兴建元大都与积水潭、金中都城平面图（图片来源：《什刹海》）

日”，进而更加丰富了大都人民的游览空间。在西湖（昆明湖）、积水潭至昆明湖沿河两岸，元朝人赏西湖总是泛舟前往，从西湖有河道直通大都，在这条连接大都和西湖的水上通道两旁，沿堤万柳看新绿。有诗云：“凤城西去玉泉头，杨柳长堤马上游”。大都的贵族、官僚、文人竞相游览西湖，成为一时风尚。从玉泉山向西行，有寿安山，又名五华山。“春风今在五华山”当时已成为“都人四时游观”之所了。（今卧佛寺）水上游览因此成了一种风尚。沿途所设的水闸地带都逐渐发展成为供百姓踏青和游览的场所。

大都的统一为公共园林的发展提供了有利的社会环境。公共园林在东郊、南城和西北郊一带的分布范围更加广泛。

东郊——在元大都城的东郊齐化门外有一座东岳行宫，东岳庙在元时也是有名的游览地，每当春来杏花怒放时节，游人络绎不绝。有诗云：“上东门外杏花开，千树红云绕石坛。”这里是当时有名的寺庙园林。内有石坛，周围种植杏花。观赏杏花是大都居民的娱乐活动之一。

南城——金的中都旧城。大都新城建成后，原来的燕京城就为旧城，新建大都城为北城，新城建成后，旧城趋于衰落，“楼台唯见寺，井里半成尘”[11]，“颓垣废巷多委曲，高门大馆何寂寥[12]”。可见南城之萧条景象，而“北城繁华拨不开，南城尽是废池台”，使南北两城形成鲜明的对比。但是，南城有许多名胜古迹，如著名的有建于唐朝贞观十九年（645年）的悯忠寺（清雍正年间重修后改名法源寺），在今宣武门外教子胡同南头东侧，有建于金、元之际的长春宫、白云观（在长春宫东侧），在今北京西便门外西边约1里许，因此，这就为大都居民提供了一个游览的好去处。元大都南城有些寺院道观，节日时有众多居民前往烧香游览。《道园学古录》云：“岁时游观，尤以故城为盛。”尤其是三月，“北城官员、士庶妇人、女子多游南城，爱其风日清美而往之，名曰：踏青斗草”。由于南城特有的风景名胜，游南城成了大都居民的一种风俗习惯。[13]南城之外，城郊四周都有不少风景园林。文明门外就是通惠河，两岸植柳，成为郊外自然风光。双清亭在通惠河上，是元都水监张经历的花园，该园位于通惠河岸边，如今东便门以东不远处[14]。

西郊——大都西郊稍远的地方，便是著名的西山风景区。风景优美、泉水充沛的北京西北郊，早在元代即已成为公共游览的风景名胜区。西山是这一带丛山的总称，其中以玉泉山、寿安山和香山最为有名。民间有“西湖景之称”。《水经注》记载：“西湖东西二里，南北三里，盖燕之旧池也，绿水澄澹，川亭望远，为游瞩之胜所也。”[14]西山是元代帝王经常游览之处，特别是每年九月到西山看红叶，已成为一时的风尚：“九月都城秋日亢，……曾上西山观苍茫。川原广，千林红叶同赏春。”[15]元仁宗爱育黎拔力八达甚至表示，要“游观西山，以终天年”。可见西山风景区的优美山林的魅力。此外，“佛宫、真馆、胜概盘郁其间”，也是大都居民“游观”之所，玉渊潭便是其中之一。如王嘉谟诗中描绘：“玉渊潭上草萋萋，百尺泉声散远溪。垂柳满城山气暗，柳花泛水夕阳低。春来日抱清源黑，夜半云归玉乳迷。散发踟蹰天万历，漱流不惜醉如泥”。

另外，北郊也有一些寺院和贵族的林园，但比起东、南、西二方要荒凉得多。

4.5　明清时期

4.5.1　城市背景

永乐十八年（1420年）在大都的基础上建成新的都城北京。将南城墙向南移，放弃都城城北的一部分（图4-12）。明北京城的布局，继承了历代都城以宫室为主体的规划传统。整个都城以皇城为中心，按照古籍《周礼·考工记》中“左祖右社”的传统规制，在宫城之南，皇城的前左侧建太庙，祭祀祖先；在右侧建立社稷坛，祭祀“土地神”和“五谷神”，强调中轴线的手法和城阙、宫殿的建筑组群（图4-13）。

清代建都北京后，完全沿用了明朝的北京城，城址上并无变化，没有改变北京城的格局。清代在全部沿用明代的宫殿、坛庙、园林的基础上，继续大规模的园林建设，在城区范围内则分布着皇家园林的一部分和官僚士大夫们的宅邸园林，在其他近郊和远郊地区也都有风景区的经营和少量的园林点缀[16]。

4.5.2　公共园林的繁荣期

明代对北京地区的园林建设十分重视。除皇家御苑、坛庙园林、私家园林外，公共园林和公共游览地蓬勃发展。西北郊在元代时即已成为公共游览的风景名胜区，明初，从南方来的移民在此大量开辟水田，又为这一带增添了宛若江南水乡的自然风光，后经多年的经营，西北郊一带逐渐成为京师居民的游览胜地。优

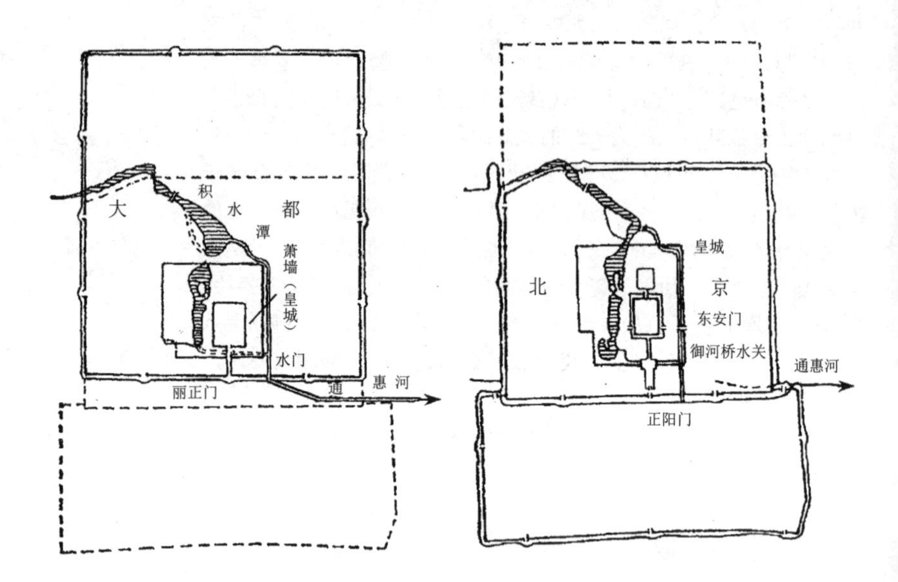

图 4-12 元明城址变迁与河道相对位置比较（图片来源：引自侯仁之的《北京城的生命印记》）

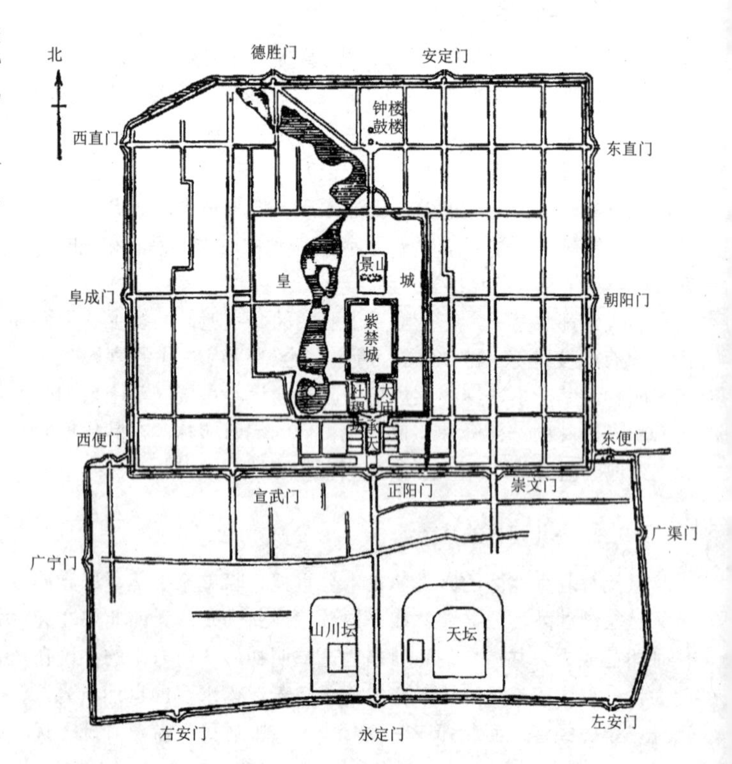

图 4-13 明北京城平面示意图（图片来源：《北京城的生命印记》）

美的风景以及充足的供水吸引官僚、贵族们纷纷在海淀丹棱片占地造园，因此，风景区的范围更往东扩大。

明代佛教禅宗兴盛，寺庙园林造园活动更加突出，特别是北京西郊所建寺庙，数量之多、分布之广，是以前几个朝代无法比拟的，西山八大处是京郊最负盛名的寺庙园林风景区。寺观园林更进一步公开开放，人们都可以游览，从而使寺观园林更多地发挥了城市公共园林的职能，成为庶民百姓进香和游览之地。

公共园林，是随着城市普通民众的需要而出现和形成的，到了明代，公共园林分布地段更为广阔。内城有德胜门内水关和安定门外满井、什刹海、太平湖、泡子河，外城有金鱼池、南下洼，以及东便门外二闸地段，西便门外莲花池、柳浪庄（俗称六郎庄）等处，还有天坛松林、高梁桥的柳林等，都是城市居民涉足游览之地。成书于明代的《帝京景物略》中对北京的山川园林、名胜古迹、风习节令、花鸟虫鱼等进行了详细的描述。据书中记载，明代北京的平民游览地主要选择在近郊及城内，并有较为明显的特征：首先突出季节性，持续时间长。主要表现为几乎是逢节必游，时间多集中在春夏二季和初秋，从阴历的三月初一持续到八月中旬，历时达6个月；其次，出游规模巨大，往往是全城出动的群游，从“游人以万计，簇地三四里”可见其规模，游览内容也相当丰富。

清代是我国历史上造园最多的时期。园林类型最为丰富，包括紫禁城的宫廷园林、皇家御苑、祭坛园林、私家园林、寺观园林、王府花园、会馆园林及大量的公共游豫园林。皇家园林经康熙、乾隆、嘉庆时期的发展，达到了全盛。公共园林承接元、明、清初，有着长足的发展。在新的社会背景下，随着城市市民阶层的兴起，市民文化繁荣起来，与当时清代皇家园林和府宅园林均不向群众开放相比，一般人士游观赏景除寺庙园林外，近则滨水野景，远则山区名胜。其中，寺庙园林则变为以赏某种花极一时之盛景者，如高庙之白海棠与凌霄、广济寺之蜡梅、崇效寺之牡丹、法源寺之丁香、龙华寺之文冠果、极乐寺之西府海棠、白云观之紫绵海棠等。[17]其近之地有什刹海、东便门之蟠桃宫、二闸地段，西便门外莲花池等，这些地区，虽然局部也有皇家园林别墅，但大部分地段允许老百姓游览，又如内城太平湖、泡子河，外城金鱼池、南下洼、陶然亭，以及西直门外高梁桥、长河沿岸等（图4-14）。

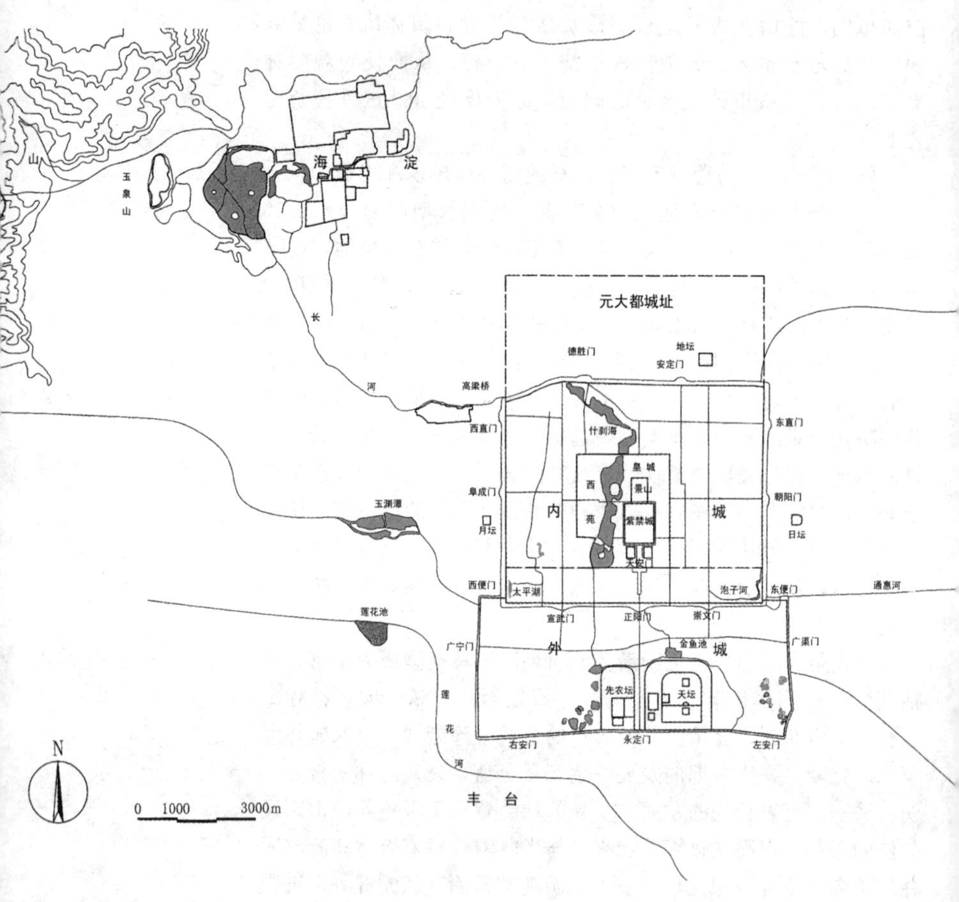

及近郊地区平面示意图（图片来源：《北京私家园林志》）

第5章

北京古代公共园林的生成特点与实例研究

5.1 北京古代公共园林的生成特点

公共园林往往具有天然的景观外貌，经逐代开发建设后融入了丰富的人文内涵，包含了大量著名的游览景点。其特点是：首先，公共园林大多处于城市近旁景色优美、交通便捷的地段；其次，规模较大，内容广泛，寺庙宫观、商市瓦肆散布其间；再次，以自然山水为基础，仅于适当地段稍事修整，缀以若干人工景点。[1]

北京古代公共园林的生成，按照其形成原因的不同，大致可分为因“寺观”而成的公共园林、因“胜迹”而成的公共园林、因“名山”而成的公共园林、因“水体”而成的公共园林。

5.1.1 因“寺观”而成的公共园林

佛教从东汉末年传入中国，融入了儒家和道家的思想，道教讲求的是养生之道，羽化登仙的学说。寺观园林分城内、城郊，在城内的寺观不仅是举行宗教活动的场所，同时也是居民们日常公共活动的场所，尤其在宗教节日举办大型宗教活动的时候，都会有大量群众参与其中。这样，附属于寺观的园林便定期开放，游园活动也盛极一时，这些寺观园林就具备了公共园林的性质。

图5-1 白云观（图片来源：王小玲提供）

对郊外的寺观园林来说，更是选择建在自然景观优美的地带，从而形成以寺观为中心的风景名胜区园林。佛教提倡“众生平等”，所以佛寺吸引各阶层市民前来烧香拜佛，是平等交往的公共中心，寺观举行宗教仪式或庆典的同时也伴随着游园活动，吸引广大市民前来参观游览。北京的西北郊在明代时，已有“西山三百寺，十日遍经行”的说法。根据清乾隆时期绘制的京城全图记载，内外城寺庙共有1207处。“京师天下之观，香山寺当其首游也”就是当时对香山寺的美誉。

北京古代公共园林在形成过程中往往是与古代的公共游赏和宗教活动相关的，元大都时期，忽必烈大力宣传藏传佛教，并于每年的二月初八举行奉帝师游皇城的活动。伴随着宗教活动的各种娱乐表演吸引“都城士女聚观”，这可谓是全城的狂欢活动。此外，还有京城百姓们齐聚长春观和白云观（图5-1）及游人络绎不绝的东岳庙（图5-2），当时逛庙市游园赏杏花的人越来越多。到了明清时期，进入了公共园林大发展的阶段，咏古游今风尚更为盛行，有正月游琉璃厂、白云观，初春游满井，二三月游丰台，三四月游高梁河，四月游妙峰山，五月游金鱼池，五月至七月游庆丰闸，六月游什刹海，以及春秋游泡子河、天宁寺（图5-3），

图 5-2 东岳庙（图片来源：王小玲提供）

图5-3 天宁寺（图片来源：王小玲提供）

可满足游人全年的游览需要。虽然有些风景名胜的开放日期和活动内容起源于宗教仪式，如农历四月初八浴佛会，七月十五中元节，但平民百姓多是趁此机会观赏水光山色，名为进香，实则自娱，故有“借佛游春”之说。妙峰山位于昌平区和门头沟区交界处，为北京名山之一。山上有碧仙圣母碧霞元君庙，建于明末崇祯年间，俗称娘娘顶。清代乾隆年间妙峰山香火始盛，每年农历四月初一开山，四月二十八封山。开山前如有雨，称为“净山雨”。初一至十五从沙河、北安河和三家店到妙峰山，几条香道上的香客日夜不止，入夜灯火通明，被称为巨观。沿香道有高峻的山岭，茂密的松林，成片的杏花，湍急的河流和潺潺的泉水。香客进香后多从摊棚购买绒花插于帽侧，称之为“带福还家”，妙峰山开山时有善会活动。

5.1.2 因“胜迹”而成的公共园林

公共园林往往依托城市的地形地貌，北京西山一带层峦叠嶂，风光旖旎，名胜遍布。“佛寺皇苑共西山，京华士庶往来春”，[2]金时就有著名的燕京八景，即太液秋枫、琼岛春阴、金台夕照、蓟门烟树、西山晴雪、玉泉垂虹、卢沟晓月、居庸叠翠，这些地方是京城皇室族亲、百官仕僚和士庶百姓共游的地方。明刘侗《帝京景物略》记载其盛游之况。自金至清800多年，北京西山，其山水之丽，开发建设名胜之多，京师士庶工商游兴之盛，文士歌咏之多，更富于长安、洛阳和南京，古迹今存亦丰，是更具有公共性的京都邑郊风景园林。

北京的风景名胜古迹，历来是京城平民百姓踏青游览、开展民俗活动的重要场所。最早见于记载的是元代《析津志》：二月“北城官员士庶妇女子，多游南城，受其风日清美而往之，名曰踏青斗草。”南城是金中都城，在大都西南，建成于海陵王贞元年（1153年），城中有豪华的楼阁和众多的园地。元灭金后中都城遂废，但太液池水和残留的临水建筑，成为当时人们的游赏之地。元人葛逻禄·乃贤亲临凭吊前朝故宫遗迹，曾有《西华潭》诗：“秋水清无底，凉风起绿波。锦帆非昨梦，玉树忆清歌。帝子吹笙绝，渔郎把钓多。矶头浣纱女我恐是宫娥。”这是最早见于记载的京城居民游憩胜地，今西城区青年湖，尚存金太液池遗址——鱼藻池（图5-4、图5-5），其为金中都唯一留下的遗址，也是北京城最早的皇家园林遗址，并在元代以其作为人们踏青游赏之地，起着公共园林的作用。元大都时期的大都百姓把游览南城遗迹作为社会风尚，这些由历史遗迹、遗址发展起来的公共园林促进了大都人民形成良好的生活方式。

图5-4 金中都——鱼藻池位置

图5-5 金中都遗址一角（图片来源：网络）

5.1.3 因“名山”而成的公共园林

北京山水旅游景点有卢师山、罕山、石景山、玉泉山、翁山、仰山、水尽头、滴水岩、百花陀、西堤、西湖（即清昆明湖）。元代著名的游览地包括香山、玉泉山、卢师山和仰山。其中香山位于元大都城的西北约15km处，山上的景点除棋盘石、蟾蜍石，另有祭星台、梦感泉、护驾松等金代遗迹，元大都时期的许多诗人游览此处，并留下诗篇。其中就有《祭星台诗》、《护驾松诗》。在香山东侧的玉泉山，早在金代就有“玉泉垂虹”之景，是当时绝佳的游览胜地。

5.1.4 因“河湖”而成的公共园林

中国古代园林深受山水诗画艺术的影响，呈现出山水园林的艺术外貌。园林中的河湖水系在古典园林中占有重要地位，往往与城市发展过程中的水系治理等问题相关，同样在北京园林的历史发展中，伴随着对河湖水系的治理而逐渐发展起来的公共园林，不仅影响着古代的城市发展，也对今天城市公共空间的建设具有启发意义。

北京河湖风景之佳胜者，曰长河，曰通惠河，城内曰积水潭、什刹海、三海。长河，旧为御舸往来地。三海，昔为禁苑城，禁人游览，近始开放。唯通惠河自齐化门起，十里一闸，凡七闸，以达通州区。闸一曰回龙，二曰庆丰，三曰上平津，四曰下平津，五曰鲁济，六曰通流，七曰南浦。内惟二闸（即庆丰闸）风景至佳，高湍建瓴，回波漱石。春秋佳日，都人士一舸携侣，客与其间，两岸密树野芳，不亚江南风景。而旧日则坊奴洗象，倾城往观，少年竞逞水嬉，角逐博彩，亦一时之胜也。[3]

自明成祖迁都北京后，随着皇家园林的不断发展和成熟，公共园林的建设也在不断扩大，与此同时，全国各地也都在发展公共园林，围绕城市河湖水系而建的公共园林在当时最为突出，例如北京什刹海（元时称为积水潭）就是由于元大都的水利工程而逐渐发展成为一处面向全体百姓开放的公共娱乐区。

除上述之外，在秦统一六国后，北京地区称广阳郡，秦始皇修筑从咸阳通蓟城的驰道，“秦为驰道于天下，东穷燕齐，南极吴楚，江湖之上，濒海之官必至，道广五十步，三丈而树，厚筑其外，隐以金锥，树以青松”。这是有文字记载的北京最早的行道树。[4]从甬道两侧行道树的种植情况，足以看出城市绿化在当时的受重视程度。从形式上看，甬道两侧行道树与今天我们所说的带状公园绿地相似，但其最本质的区别在于甬道在当时只是供皇帝巡游使用，百姓不能涉足。因此，只能说是具备公共园林的形式。

5.2　北京古代公共园林的典型实例研究

北京历史上公共园林的发展是围绕北京城的河湖水系发展起来的（图5-6），大致有城北内外的什刹海、满井，城东内外的泡子河，城西内外的太平湖，城南内外的金鱼池、南下洼，西城外的高梁桥、钓鱼台，另外在北京西山一带分布的大量寺庙，如香山寺、戒坛寺、潭柘寺等，带动了这些地区的公共游览功能。从旧城地势来看，北京城西北高东南下，即一城之中，亦有极洼下之处，如《燕京访古录》所谓四水镇者，即积水潭、什刹海、太平湖、泡子河[5]。旧城内外围绕水系河道形成了多处公共园林，这些公共园林的开发和建设往往与历代的北京城址变迁、水利治理、漕运等水利工程有关，而且在不同程度上发挥着公共游览的功能。当历史上的公共园林区域逐渐发展演变为现代城市公共空间时，面临的问题就是如何在保护好历史遗存的同时，使之更好地融入现代环境中，并能够积极地引导当代城市生活。下面就结合案例对北京的公共园林进行分析。

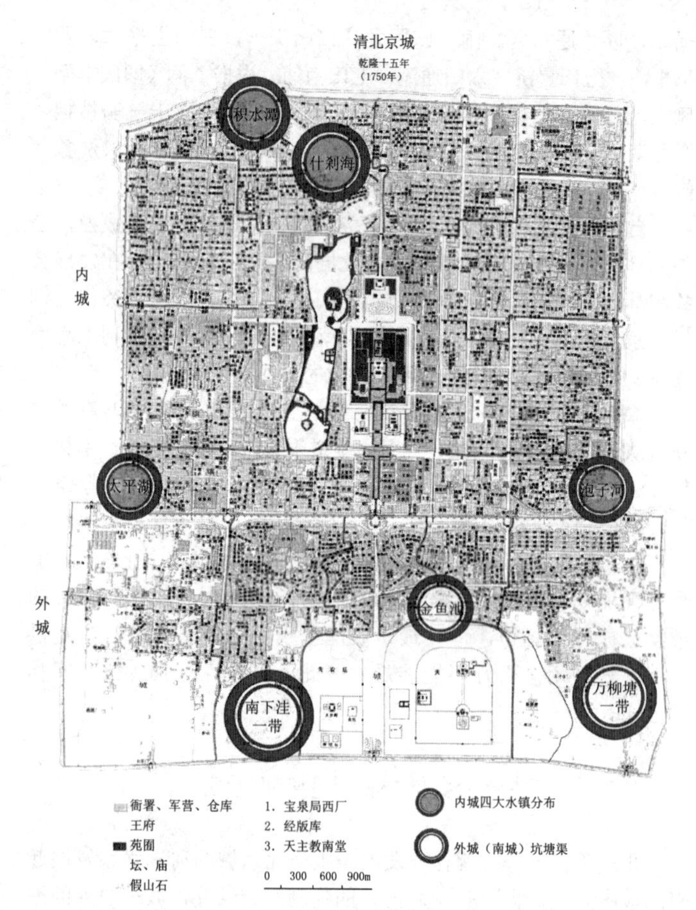

图 5-6 内城四大水镇及南城坑塘沟渠分布图(图片来源:底图源自《北京地图集》1994 年)

5.2.1 内城最大的水系公共园林——什刹海地区

什刹海是北京内城最大一处,也是唯一的一块对市民开放的水域,几百年来,什刹海地区已经成为上至皇亲国戚,下至黎民百姓心中共同的乐园,而且什刹海地区作为内城城市山林最具代表性的一处景点,不仅能够看市井,站在银锭桥上还能远观山水,因此,被誉为“北京城中视廊之冠”。什刹海地区逐渐发展并形成了承载丰富城市生活和民俗活动的公共园林,是集风景、民俗、游乐、购物于一体的重要场所。绿化建设也在历史中不断积淀下来,形成了今天优美的城市环境。

1. 什刹海地区的历史演变

什刹海,曾是高梁河的故道,在古代是比较宽阔的一带河身，辽时三海大河成湖（图5-7），由洼地积水和地下水出流汇聚而成，有着天然优美的河湖风光，优越的地理条件成为后世开发建设的重要基础。

金代在辽代三海大河水域盛长白莲，故称白莲潭（图5-8），金代对于这一水域的开发首要是满足灌溉农田的需要，即考虑将

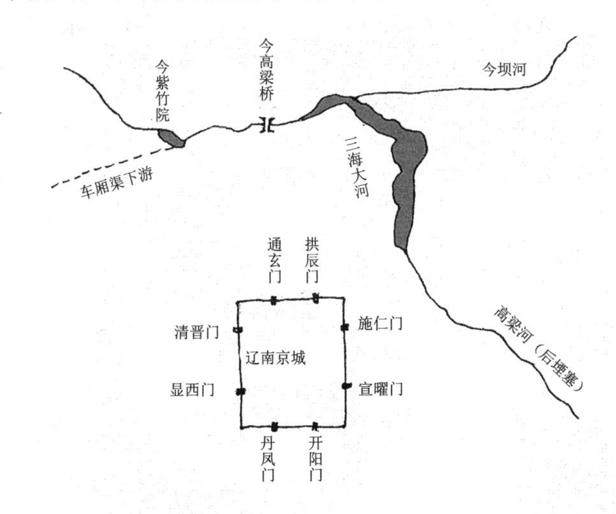

图 5-7 辽时三海大河成湖（图片来源：底图源自《什刹海》）

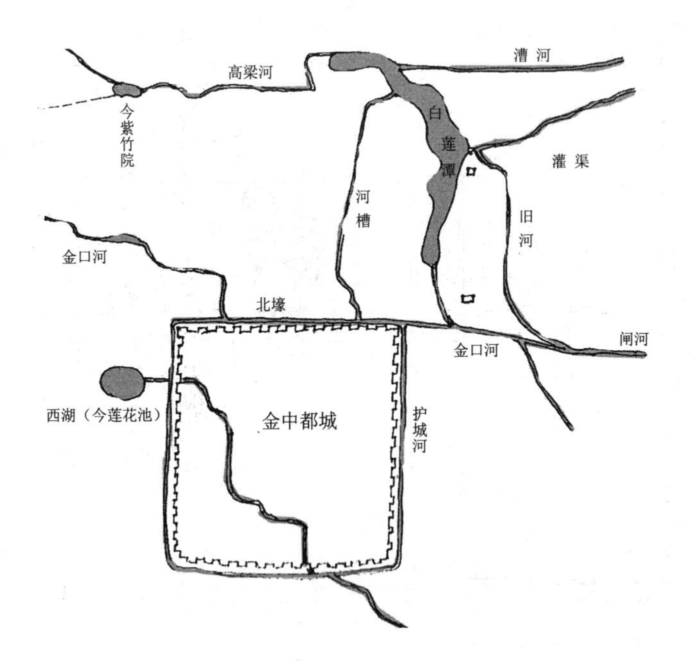

图 5-8 金代的白莲潭（图片来源：底图源自《什刹海》）

白莲潭之水给予百姓灌溉农田。其次，借白莲潭水域优美的自然风光在金大定十九年（1179年）兴建太宁宫。再次，通过开挖河渠满足漕运，白莲潭在此时用来供水、调节水库且这一带水域被作为舟楫停泊之所，成为金中都的漕运码头，发挥着巨大的作用。

元代时改称白莲潭为积水潭（图5-9），又称海子，元代对积水潭进行了五次大规模的大挖大修，经一系列的治水工程，为今后什刹海的发展奠定了基础。积水潭水面东西宽二里，面阔水深，特别繁华，其水源来自白浮泉和西北部山区诸泉，经长河、高梁河自和义门北入城进入积水潭。这样从南方源源不断运来的粮食抵达大都城的终点码头。作为当时南北大运河的终点，舟楫之盛，据《元一统志》中记载："大都之中旧有积水潭，聚西北诸泉之水，流行入都城汇于此，汪洋如海，都人因名焉。"

什刹海的北岸街坊市肆繁荣，是全城的集贸中心。水出口处有三：向南入太液池（北海），东南通过御河入通惠河，向东入坝

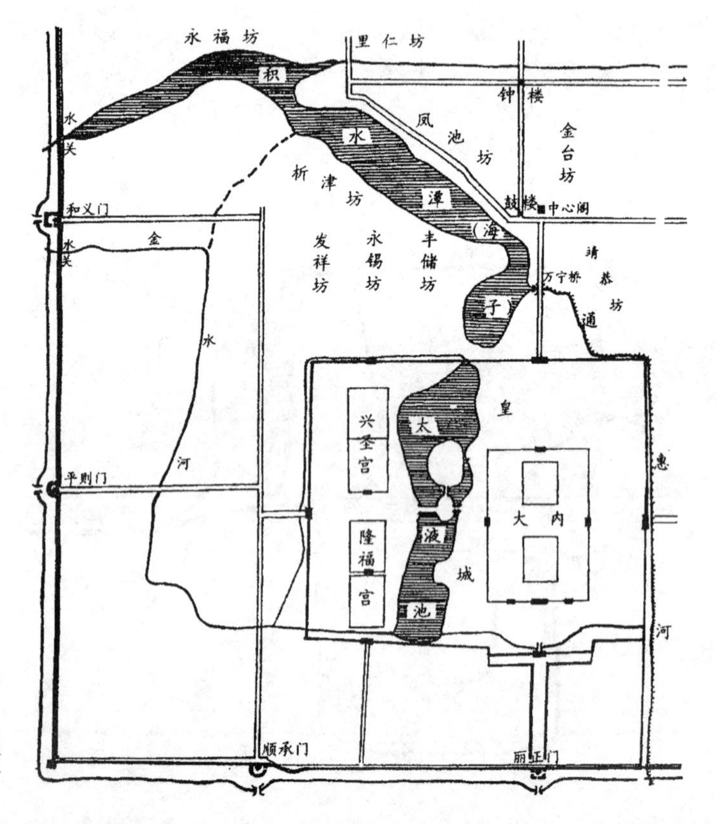

图5-9 元代积水潭略图（图片来源：《什刹海》）

河。积水潭内舳舻蔽水，飞帆一苇，径抵辇下。川陕豪客，吴楚大贾充斥于沿岸的酒楼歌台。[6]元代开始，什刹海就已成为都人的游览胜地。

明代洪武元年（1368年），在德胜门至安定门一线修建北城墙，将大都北墙南移五里（2.5km），并在德胜门西至水关，引水入城。后来，又在水关岛上建镇水观音庵。明代建都北京后，由于水系变迁，积水潭的水源减少，加之多建低桥，漕运已不再能够进城，什刹海由元代喧嚣之区一变而为封闭式的水波潋滟的宁静之区（图5-10）。湖岸豪家分置园林，众多皇亲贵戚在此营建官邸和宅园，使该地区又成了名园荟萃之地。至此，什刹海地区的经济航运功能下降，取而代之的是这一地区文化功能的突出。大量的府邸、园林、寺庙丰富了什刹海一带的沿湖风景，自然风景与人文景观的结合，使什刹海成为北京城重要的城市水域和公共游览的开敞空间，是京城最具文化的代表性地区。而关于什刹海的名称先

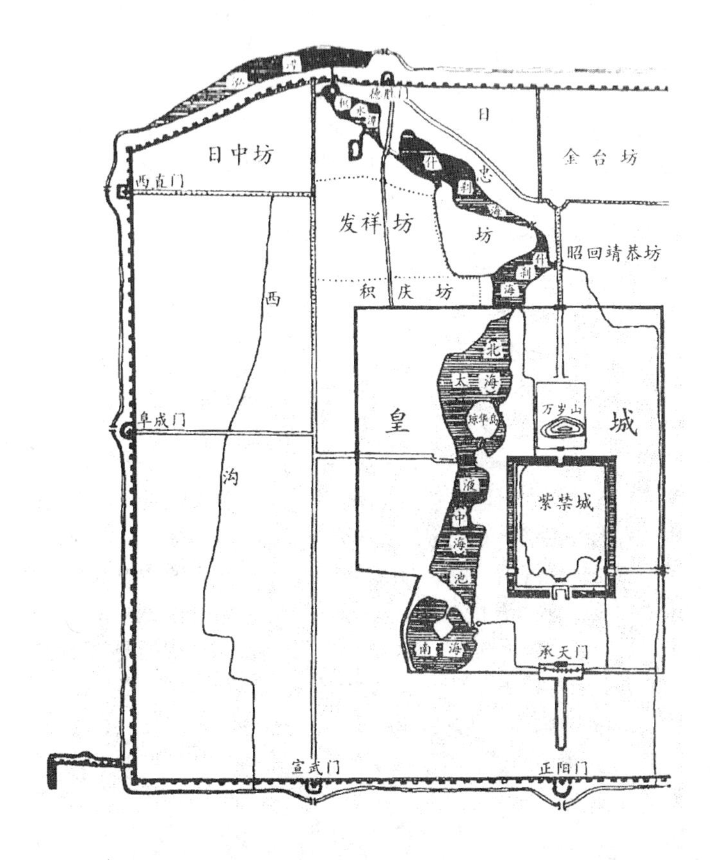

图 5-10 明中后期什刹海及太液池略图（图片来源：《什刹海》）

后就有积水潭、北湖、莲花池、净业湖、海子及海子套等。

地安门外的什刹海，分前海、后海、前海，周约三里，荷花极盛，西北两面多为第宅。中有长堤，自北而南，沿堤植柳，高入云际。自夏至秋，堤上遍设茶肆，间陈百戏以供娱乐。后海较幽静，水势亦宽，树木丛杂，两岸多古寺，多骚人墨客遗迹，李东阳西涯、法梧门故居均在此。什刹海俗呼河沿，在店门外迤西，荷花最盛……凡花开之时，北岸一带风景最佳，《燕京岁时记》记载："绿柳垂丝，红衣腻粉，花光人面，掩映迷离，直不知人之为人花之为花矣。"[7]《旧都文物略》记载："帝京莲花盛处，内则太液池金海，外则城西北隅之积水潭，植莲极多，名莲花池……岸边柳槐垂荫，芳草为茵，都人结侣携觞，酌酒赏花，遍集其下。"

清代加强了对皇家园林的管理，什刹海归奉宸苑管辖，明代的府邸宅园为清代的权责王府所代替。乾隆二十六年（1761年），对镇水观音庵进行改建，名汇通祠。到清中叶，积水潭地区由于水源日渐减少（图5-11），临湖的园亭、寺庙便逐年荒废。积水潭水质严重污染，社会秩序混乱，什刹海地区成了土匪、地窖、流氓的活动场所。清初，德胜桥西为积水潭，东南为什刹海，再东南为莲花泡子。到同治年间，什刹海已是茶棚满座、戏馆林立、各式小贩云集的地方，净业湖和莲花泡子名称消失，统称为什刹海。到康熙年间，把积水潭、什刹海提高到御苑地位，和西苑、畅春园、圆明园一样，成了没有宫墙、宫门的禁苑，还以奉宸苑的名义，颁布了"非御赐，不准引用什刹海水"的条例。因为禁用湖水，其他府第、园圃、古刹多已坍塌，只剩下净业寺、汇通祠等少数庙宇。湖周一些官家富户又创造出一种借景建园的办法，他们把什刹海前后海的桑田、苇塘、莲花，当作没有围墙的花园。比如，前海、后海南岸路北的住宅，在建筑上，对前面门户不大讲究，对面临什刹海的后门，反而精刻细镂，设垂花门楼。有的院内楼房不向南迎着阳光，而都向北，面对莲花池，其目的就是为了观赏什刹海的风光景色。在什刹海西北的烟波柳浪之中，有一座小石桥，名叫银锭桥，"银锭观山"是燕京八景之一。这里所说的"燕京"即为"西涯"，明清以来"西涯"范围内也有八景，即：银锭观山、西涯晚景、景山松雪、白塔晴云、谯楼夜鼓、响闸烟云、柳堤春晓、湖心赏月。清吴岩《银锭桥河堤》诗云："短垣高柳接城隅，遮掩楼台入画图。大好西山迎落日，碧峰如嶂水亭孤。"

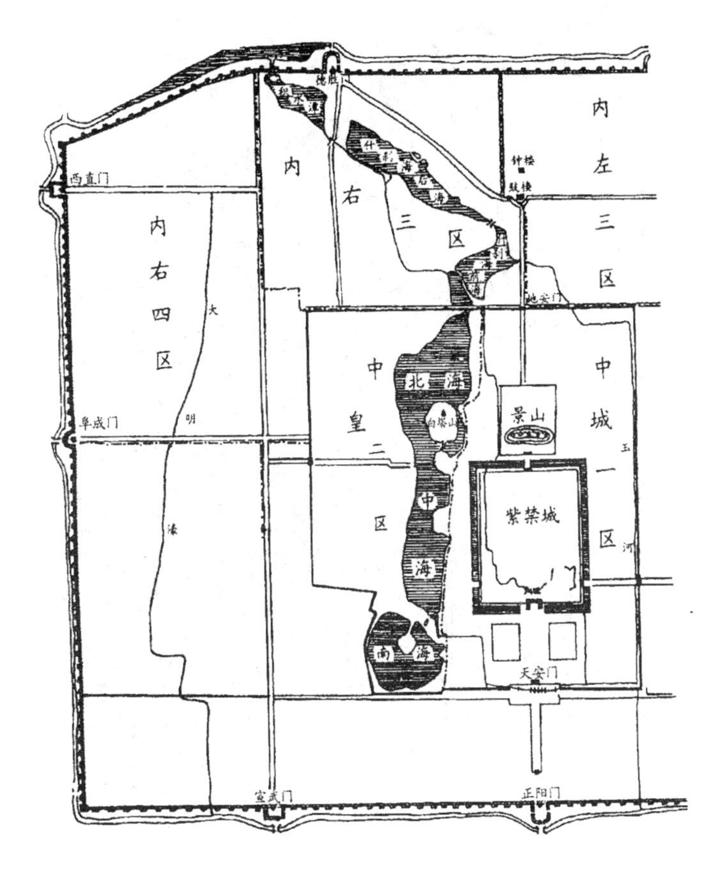

图 5-11　清末什刹海略图（图片来源：《什刹海》）

同治年间，随着城市作坊业的发展，北京各行业迭迭更新，所谓“三百六十行”大都兴起于当时政治、经济文化中心的北京城。人们要开阔眼界，游山玩水，欣赏风景名胜，可是，京城内外，凡属名胜之地，均为帝王所独占，因此，西直门外长河、东便门外二闸以及什刹海便成了人们争先游览的风景地了。什刹海地处内城，又是堤柳成荫、芙蓉掩映，游客自然远比长河、二闸两处要多得多。蔡省吾的《北京岁时记》中说：什刹海每逢“六月间，仕女云集”，“同治中，忽设茶棚，添各种玩艺”。游人可到茶棚品茗饮茶，参加各种游艺活动。

上述关于什刹海变迁的过程在《大清一统志》中有详细记载❶，民国时期，什刹海除称谓不断演变，水域范围与清代相比基本没有变化（图5-12），据《故都变迁纪略》记载：“今名近地安门者为什刹前海，稍西北为什刹后海，最西北近德胜门者为什刹

❶ “积水潭在宛平县西北三里，东西亘二里余，南北半之。西山诸泉从高梁桥流入北水关，汇此，折而东南，直环地安门宫墙，流入禁城，为太液池。元时既开通惠河，运船直至积水潭。自明初改筑京城，与运河截而为二。积土日高，舟楫不至，是潭之宽之，已非旧观。故今指德胜桥者为积水潭，稍东南者为什刹海，又东南者为莲花泡子，其始实皆从积水潭引导成池也。”

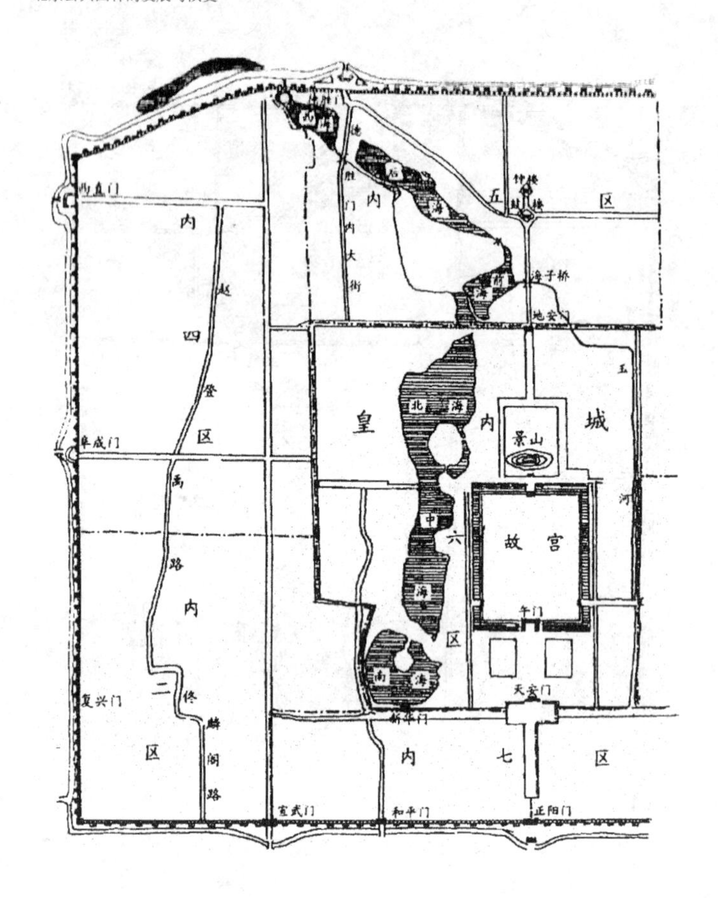

图5-12 民国后期什刹海略图（图片来源：《什刹海》）

西海。”民国后至新中国成立初期，什刹海水域的淤积很严重，导致水域大量缩减，其中李广桥到前海的月牙河河道完全堵塞。后经疏通上游河道，恢复了对什刹海的供水。将月牙河改暗沟流经一段引河后直接注入后海，并修成道路称李广桥街，经历代发展演变，今天的什刹海成了首都居民最为喜爱的公共游览区。

2. 什刹海与历代北京城址变迁

从积水潭到什刹海的变迁略图（图5-13）来看，现在的什刹海水面比元代小得多，而且出德胜门外的一段呈东西走向的水域也已经消失，分析整体水面的缩小和局部水系的枯竭的原因，这与北京城址变迁后该水域所承载的功能（从明代开始漕运已不能进城）有很大关系，而从什刹海与历代北京城址的变迁图（图5-14）来看，什刹海正在逐步从远郊型纯粹的自然河湖风光向近郊型再向城市型演变，侯仁之先生的《北京历代城市建设中的河湖水系

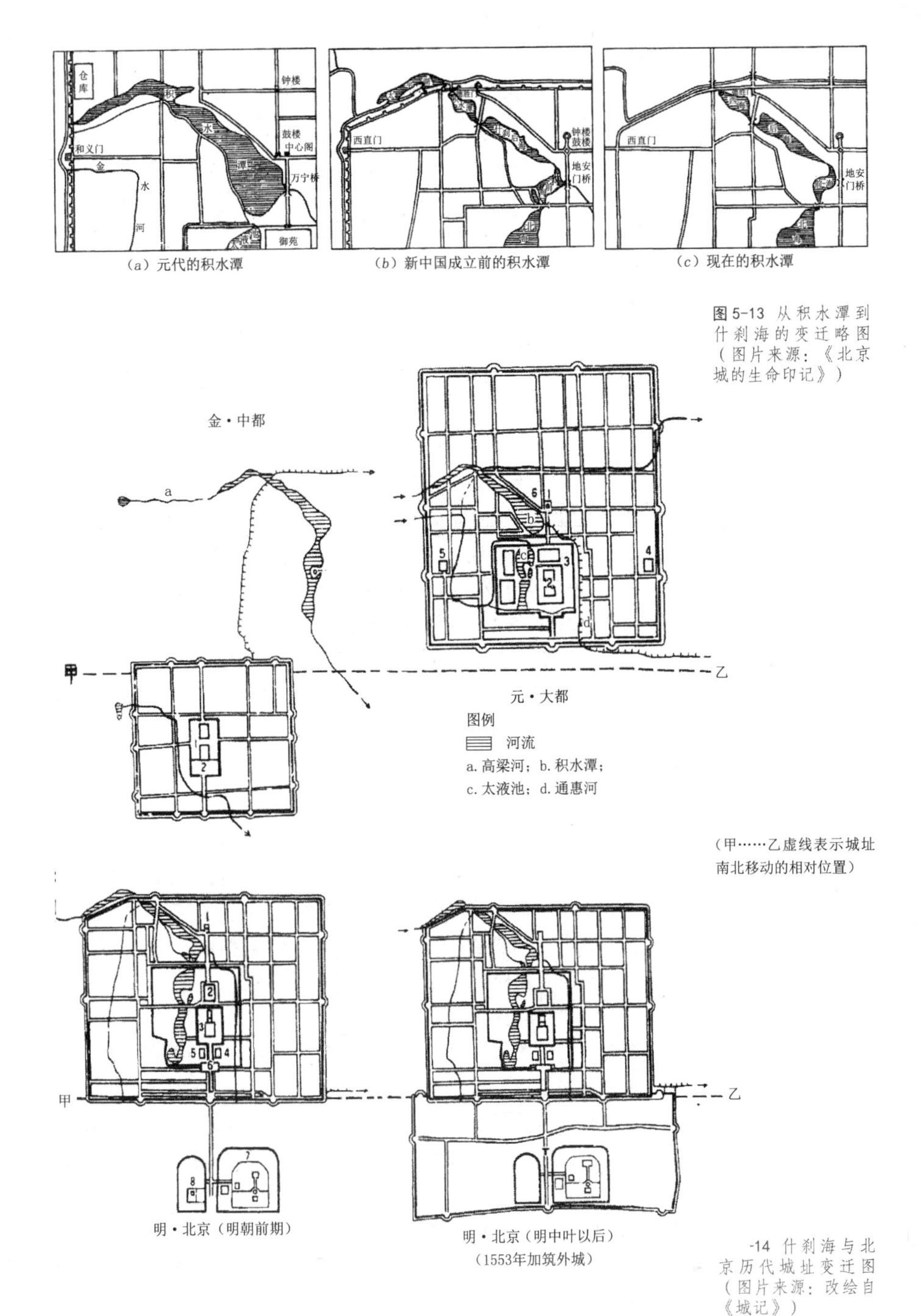

（a）元代的积水潭　（b）新中国成立前的积水潭　（c）现在的积水潭

图5-13 从积水潭到什刹海的变迁略图（图片来源：《北京城的生命印记》）

明・北京（明朝前期）

明・北京（明中叶以后）（1553年加筑外城）

-14 什刹海与北京历代城址变迁图（图片来源：改绘自《城记》）

及其利用》一文中写道："从大都城的整体规划来分析，控制其平面布局的决定因素是太宁宫以北那一段高梁河上的积水潭。整个大都城在平面设计上的中轴线，正是紧傍积水潭的东岸才确定下来的。中轴线的起点，即在积水潭的东北岸，也就是全城设计的几何中心，就地筑有'中心台'作为标志。"[8]从历史地理学的角度充分说明了这片水域与北京城之间的必然联系。另外，与北京城规整的网络布局形成鲜明对比，什刹海的水面呈现出的是一派自然景象和不规则的水域，丰富了整个城市的空间形态。

今天的什刹海一带依旧是北京城内最富含自然风光的景观地带，曾有很多描写四时皆宜的诗句，"晴作乍添垂柳色，春流时泛落花香。""隔溪鸣布谷，新果荐文官。""鳞鳞鱼岸出，喈喈鸟林翔。寒去自犹褐，春将野可殇。""雨至绿先暗，风来红乱披。深溪藏浴鸟，卧榭走歌儿。亦爱无花处，浮空雪浪奇。""莲远飞香冷，钟清送晓新。"由此可见，什刹海一带的公共园林随着时代的发展而被赋予了更多的人文内涵，有待于对其展开深入分析。

3．什刹海历史公共园林的特征

侯仁之先生在《莲花池畔再造京门》一文中曾经高度评价什刹海，认为什刹海及其周围的一带，是老北京最具有人民性和特色的地方，承载了老北京的很多民俗文化与民俗活动。而且什刹海关系到北京的南北轴线以及整个城市格局。因此，侯仁之先生提出应该将什刹海的开发提升到全城社会发展的战略高度上来。[9]同样，如果从这一战略高度对什刹海地区公共园林进行研究，一方面可以作为中国古代园林史中的公共园林这一内容的补充，另一方面从城市发展和城市生活的角度重新认识公共园林与城市的关系，分析其时代特征和人文内涵，将对今后城市公共空间的建设具有启发意义。分析什刹海地区历史公共园林的特征，可从自然环境、视觉联系、历史遗存及街巷格局、豪宅寺庙、民俗活动等方面进行。

（1）如画的自然风景

在金代，金中都城外的白莲潭（今三海合称）与城市联系并不十分紧密，属于远郊型，而当有着自然野趣、天然如画风光的水域发展到了元代时，元大都的城市建设开始以自然湖泊水体为基础，以水利建设作为水系治理的手段，以满足大都通航漕运的实际功能为目的，开始对积水潭先后进行了5次大挖大修，"汪洋如海"的大水面与来往粮船及沿岸商贾云集共同呈现出一派繁荣的景象。元人有诗描写此景，如王元章诗中所云："燕山三月风和柔，海子酒船如画楼。"什刹海一带公共园林正是在具有天然景观的基础上，经逐渐开发建设有大量著名旅游点，带有公共园林性质的游憩场所。

什刹海经历代演变形成了今日的格局（图5-15），一年四季，什刹海都会呈现出与众不同的佳境。“深深垂柳，暗浅绿明”和“岸僻桥横印绿苔，两行密柳夹高槐”，窈窕而柔美的垂柳衬托着身姿挺拔的槐树，沿岸夏日“接天莲叶，向日荷花，镜槛涵清，帘旌分绿”，大片水面招来飞禽水鸟在湖上飞翔，岸边绿树成荫，宛若清凉世界。周围的寺院、园宅的点缀，于优美的自然风景中又增益了人文景观之胜概，什刹海、净业湖便逐渐形成一处具有公共园林性质的城内游览胜地。文人墨客多以文会友，赋诗咏赞。如常伦《经海子》：“积水明人眼，蒹葭十里秋。西风摇雉堞，晴日丽妆楼。柳径斜通马，荷丛暗渡舟。东邻如可问，早晚卜清幽。”又如戴久元《集净业寺湖亭》：“湖上濠边秋色深，寥花芦叶共萧森。平潭树逐波光动，隔岸林连夕照阴。欧梦乍惊邻寺磬，鸿声欲度满城砧。凉风莫更翻荷露，客袂飕飕恐不禁。”[10]描绘什刹海风景的诗画作品还有很多，这足以说明天然如画的自然风景对于城市生活和陶冶人的精神世界的重要性（图5-16），对于北京城市

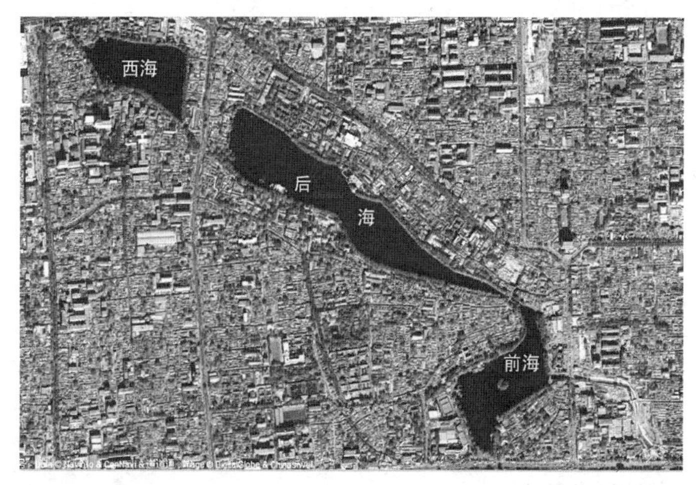

图 5-15　什刹海卫星影像（图片来源：底图引自 google earth）

图 5-16　什刹海风貌

公共空间的塑造和人们生活方式的改善都有着重要的意义。

（2）最佳的观景视廊

中国古代园林中的亭、台、楼、阁等园林构筑，往往是以欣赏景物的最佳视觉效果来经营其位置，在什刹海一带亭台众多，而且多临水而建，有着最佳的观赏视点和观景视线。在赵晓梅发表的《明代北京什刹海公共景观分类研究》一文中，依据观景建筑类型的不同，什刹海一带的园林构建筑可分亭台类、楼阁类、寺庙类、桥闸类等几种。[11]其中多数已经不存在，但从史料记载中的相关描述中仍可隐约勾勒出当时的景象，现举例如下。

亭台类。位于什刹西海北岸、德胜门西的净业寺，为便于人们驻足观荷建有湖亭，湖亭处视线开阔，远近皆景，景观层次十分丰富。关于描写其夜色美景的诗句有明代礼部尚书东阁大学士朱国祚的《夜宿净业寺》诗："僧楼佛火漾空潭，李广桥低积水含。一夜朔风喧树杪，蓟门飞雨遍城南。"当时不少文人白日来观荷后，晚上就留宿在寺里。莲花庵为一处临近水面的构筑，夏末秋初之时，荷塘月色，虫吟蛙声，形成一幅恬静的画面，另外在《燕都游览志》、于慎行的《题莲花庵水亭》、马兆霖的《莲花庵》中也有莲花庵及水亭的描述。三圣庵在德胜街东，龙华寺西路以南，庵的西侧有一亭，曰"观稻"亭，登台而望，远景近观，皆收眼底。而背向什刹海的兴德寺后有台临于水面，平台之上可观什刹海之景。在《光绪顺天府志》中记载的临近什刹海水面的望湖亭，登湖亭之上可观什刹海水面以及周边的寺庙景观。位于什刹海东岸的火神庙，殿后的水亭与什刹海紧邻，是观水景的佳处，可惜现已无存。

楼阁类。因什刹海水域宽阔，登高远眺常需依托形态较大的建筑，而且这些建筑多为多层建筑或独立的楼阁，在供游人登楼远眺的同时，这些构筑物本身也成为水上游人的观赏对象，根据《长安客话》记载，银锭桥北有海印寺，与水系联系较为密切，尤以寺内的镜观阁观景最佳。另一处近水的楼阁是湖天阁，登临处可俯观什刹海景色。

寺庙类。此类建筑在什刹海一带的分布多在地势相对较高处，便于欣赏周边景观，因此有着更高的景观价值，从法华寺向南可眺望至什刹三海，另有位于什刹海西岸的太平庵，每到夏秋季节，接天莲叶，向日荷花。还有前临什刹后海的龙华寺，因寺外即稻田，夏日赏莲，秋日观稻，宛若一派江南水乡之景。

桥闸类。位于德胜门内大街，西海与后海的分界处，该桥为

图5-17 银锭观山

闸桥合一的单孔石拱桥。《燕都游览志》记载“绿树映坂，缥萍映波”，每到夏秋月夜之时，常有人来此观赏月色。《帝京杂咏》描写“银锭桥连响闸桥，湖光山色隐迢迢。碧峰一寺夕阳下，月光荷花通海潮。”《宸垣识略》记载“银锭桥在地安门海子桥之北，城中水际看山，第一绝胜处”（图5-17）。但现在此景受到远处高楼遮挡的影响，已大不如从前。由于钟楼、鼓楼的体量高大，因此从什刹海一带望钟鼓楼始终能形成空间视距良好的视廊效果，而这也是什刹海历史景观的重要组成部分。

通过以上回顾，我们可以认识到在传统园林中对于自然景观的认识及观景点的选址与营建，同样适用于现代城市尺度与城市公共空间的建设。要从历史记载中挖掘体会曾经的景象，做到以史为鉴，构筑未来。

（3）珍贵的历史遗存

什刹海周边集中展示了不同年代、不同园主、不同艺术风格的园林，人文景观的丰富，使什刹海更具魅力和吸引力。自隋至清代的粗略统计，什刹海周边包括寺、庙、观、宫、庵、塔、禅林、堂、祠等建筑165处，其中基本保持原建筑格局的有29处，部分建筑尚存的有43处，今已无存的有93处；有王公府邸（含一府前后有二主的情况）共约20处，其中多数已不复存在；另有桥梁6座、门楼4座。[12]因此，对于为数不多的历史遗存采取行之有效的保护措施和策略是当前的重中之重，从什刹海周边景物中各级文物保护单位一览表中可知（表5-1），什刹海周边有全国重点文物保护单位4处，北京市文物保护单位17处，西城区文物保护单位17处，这些珍贵的历史遗存，都曾记录着什刹海历史景观的演变。

什刹海周边景物中各级文物保护单位一览表 表5-1

全国重点文物保护单位	时代	地址	公布时间	备注
恭王府及花园	清代	前海西街17号柳荫街甲14号	1982年2月23日	花园对外开放
北京宋庆龄故居	现代	后海北沿46号	1982年2月23日	对外开放
郭沫若故居	现代	前海西街18号	1988年1月13日	对外开放
鼓楼、钟楼	明、清	钟楼湾临字3号、9号	1996年11月20日	对外开放
北京市文物保护单位	**时代**	**地址**	**公布时间**	**备注**
德胜门箭楼	明、清	北二环中路	1979年8月21日	对外开放
火德真君庙（火神庙）	唐、明	地安门外大街77号	1984年5月24日	正在修复
万宁桥（后门桥）	明代	地安门外大街	1984年5月24日	
庆王府	清代	定阜街3号	1984年5月24日	
关岳庙	民国	鼓楼西大街149号	1984年5月24日	
原辅仁大学	民国	定阜街3号	1984年5月24日	
护国寺金刚殿	元代	护国寺大院11号	1984年5月24日	
醇亲王府（摄政王府）	清代	后海北沿44号	1984年5月24日	西花园为宋庆龄故居
梅兰芳故居	现代	护国寺街9号	1984年5月24日	对外开放
广化寺	元代	鸦儿胡同31号	1984年5月24日	对外开放
涛贝勒府	清代	柳荫街25号、27号、乙27号	1995年10月20日	
旧式铺面房	清代	地安门外大街50号、52号	2001年3月8日	商店
贤良祠	清代	地安门西大街103号	2001年3月8日	
会贤堂	清代	前海北沿18号	2003年12月25日	
拈花寺	明代	大石桥胡同61号	2003年12月25日	
地安门西大街153号四合院	清代	地安门西大街153号	2003年12月25日	

续表

西城区文物保护单位	时代	地址	公布时间	备注
旌勇祠	清代	旌勇里3号	1989年8月1日	
双寺	明代	双寺胡同11号	1989年8月1日	
银锭桥	明代	后海北沿东端	1989年8月1日	
大藏龙化寺	明、清	后海北沿23号	1989年8月1日	
摄政王府马号	清代	后海北沿43号	1989年8月1日	
寿明寺	明代	鼓楼西大街79号	1989年8月1日	
正觉寺	明代	正觉胡同甲9号	1989年8月1日	
三官庙	明代	西海北沿29号	1989年8月1日	
净业寺	明代	德胜门内西顺城街46号	1989年8月1日	
棍贝子府花园	清代	新街口东街31号	1989年8月1日	
鉴园	清代	小翔凤胡同5号	1989年8月1日	
广福观	明代	烟袋斜街37号	1989年8月1日	
德胜桥	明代	德胜门内大街	1989年8月1日	
天寿庵	清代	龙头井街42号	1989年8月1日	
保安寺	元代	地安门西大街133号	1989年8月1日	
普济寺（高庙）	明代	后海南沿48号	1989年8月1日	
小石桥胡同24号宅院（盛园）	清代	下石桥胡同24号	1989年8月1日	

资料来源：《什刹海》。

（4）传统的街巷格局

什刹海曾被比喻为具有西湖春、秦淮夏、洞庭秋美景的京华胜地。作为北京城核心区重要的城市开放空间，其与周边的传统街巷格局形成鲜明的空间对比。在北京旧城街巷呈棋盘式格局的整体框架下，什刹海一带一些曲折有致的街巷便尤为突出，而斜街的形成与什刹海水系的变迁有直接关系，正是这曲折有致的街巷空间从不同角度将什刹海的美景收录进来，两者不断地融合生长。

（5）众多的豪宅寺庙

积水潭在明时极盛，湖岸豪家贵族分置园林。据《帝京景物略》记载："沿水而刹者、墅者、亭者，因水也，水亦因之。梵各钟磬，亭墅各声歌，而致乃在遥见遥闻，隔水相赏。立净业门，木存水南。坐太师圃、晾马厂、镜园、莲花庵、刘茂才园，目存水北。东望之，方园也，宜夕。西望之，漫园、湜园、杨园、王园也，望西山，宜朝。深深之太平庵、虾莱亭、莲花社，远远之金刚寺、兴德寺，或辞众眺，或谢群游亦。"[13]可想见当时景物之胜。

（6）丰富的民俗活动

什刹海是北京城内重要的市民活动休闲空间，自元、明、清以来兴起的各种时令习俗加之定期举办的庙会在此相继展开，使什刹海充满了活力。每到正月十五元宵节在什刹海都会举办灯会，据《燕京岁时记》记载："……每至灯节，内廷筵宴，放烟火，市肆张灯。而六街之灯以东四牌楼及地安门为最盛……各色灯彩多以纱绢玻璃及明角等为之，并绘画古今故事，以资玩赏……自白昼以迄二鼓，烟尘渐稀，而人影在地，明月当天，士女儿童，始相率喧笑而散。"[14] 说明灯会从白天延续到深夜，由此可知灯会盛况。此外，还有上巳春禊、浴象洗马、盂兰盆会、观莲赏荷、冰床冰灯、城隍出巡、庙会晓市、票房堂会等活动也都成为民间的传统民俗。庙会的规模都很大，据《燕京岁时记》记载："西庙曰护国寺，在皇城西北定府大街正西。东庙曰隆福寺，在东四牌楼西马市正北。自正月起，每逢七、八日开西庙，九、十日开东庙。开庙之日，百货云集……无所不有。乃都城内一大市会也。两庙花厂尤为雅观。春日以果木为胜，夏日以茉莉为胜，秋日以桂菊为胜，冬日以水仙为胜。至于春花中如牡丹、海棠、丁香、碧桃之流，皆能于严冬开放，鲜艳异常，洵足以巧夺天工，预支月令。"由此可知，这些庙会活动与游园赏花紧密结合，其中蕴含着我国历史悠久的花文化，什刹海是因为在这优美的结合花文化的植物景观的基础上，融入了大量富有人文气息的民俗活动，从而保持持久活力的。

5.2.2　内城护城河水系的公共园林

清代以后，北京城内水系布局的变化不大。内城除什刹海一带水域外，作为城区的排水系统，只是在内城东、西城墙的内侧各开辟了一条明沟。西面自西直门起，经阜成门至内城西南角的太平湖，东面自安定门内东侧至东北角楼转而南下，经东直门、朝阳门至内城东南角的泡子河。每到雨季，这一东一西两个小湖消纳城市雨潦，发挥了水库的作用（图5-18）。下面就从史料记载

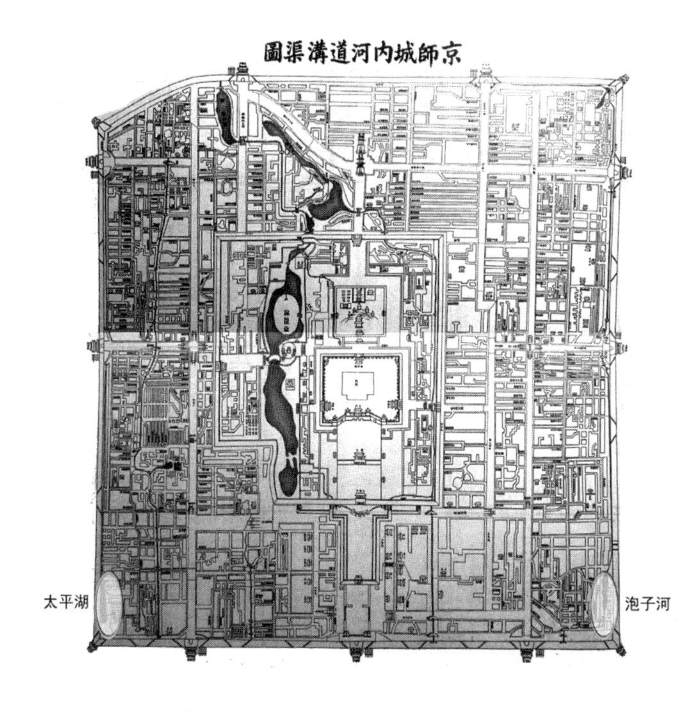

图5-18 京师城内河道沟渠图(图片来源：底图源自《北京古地图集》)

中对其相关情况作如下概述。

1. 内城东南角的泡子河

泡子河位于内城东南角（图5-19），今北京火车站东侧，即元代开凿的通惠河，也是当时漕运的必经之路（图5-20）。在明永乐年间，因扩建南城，遂将泡子河圈进城里。而迂回东流的一段旧通惠河在东南角楼下的一段遗迹，即为泡子河。泡子河无上源，是积水而成的水面。自北向南，在角楼下西折，出崇文门以东的水入护城河。[15]

据《帝京景物略》载："京城贵水泉而尊称之，里也，海之矣；顷也，湖之矣，畝也，河之矣。崇文门东城角，洼然一水，泡子河也。"明清两代都认为泡子河一带是城中胜地。在明陆启浤的《泡子河》中的描述："不远市尘外，泓然别有天。石桥将尽岸，春雨过平川。双阙晴分影，千楼夕起烟。因河名泡子，悟得海无边。"

关于泡子河在《宸垣识略》中的记载："泡子河在崇文门之东城角，前有长溪，后有广淀，高堞环其东，天台峙其北。两岸多高槐垂柳，空水澄鲜，林木明秀，不独秋冬之际难为怀也。河上诸提苦无大者。水滨之颓园废圃，多置不葺。"泡子河终年流水不竭，两岸高槐垂柳，夏日林木苍郁，空气新鲜，景色幽静。明清

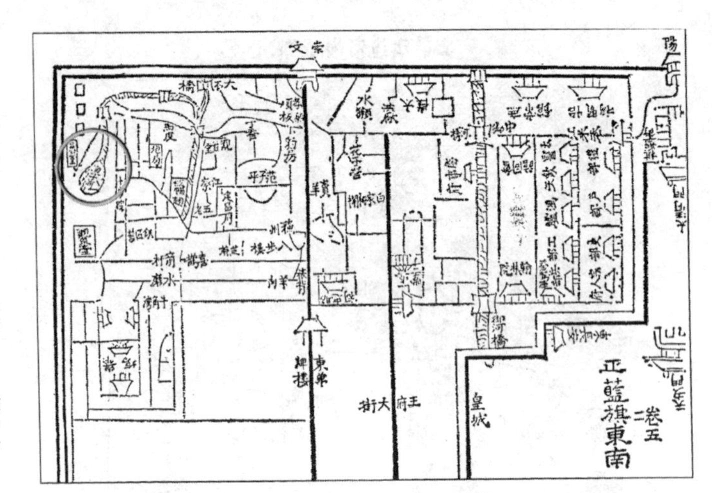

图 5-19　内城东南——泡子河（图片来源：底图源自《中国古代园林史》）

图 5-20 临近城墙的泡子河旧景（图片来源：网络）

两代，经常有士大夫和应试才子在此游乐吟咏。此地便成了士大夫经常游览之地。《五城寺院册》载：泡子河“蒲柳宛然，沙鸥水燕，翔泳以戏。”《天咫偶闻》又载：“每晨光未旭，步于（泡子）河岸，见桃红初沐，柳翠乍剪，高墉（城墙）左环，青波右泻，石桥宛转，欲拟垂虹，高台（观象台）参差，半笼晓雾。”明清两代，林木明秀，风光宜人，泡子河风景优美，借水得景，泡子河两岸曾布列园墅。在河的两岸建起了许多私人园林、亭台和石桥。据《帝京景物略》记载：“南之岸，方家园、张家园、房家园。以房园最，园水多也。北之岸，张家园、傅家东西园。以东园最，园水多，园月多。路回而石桥，横乎桥而北面焉。中吕公堂，西杨氏泌园，东玉皇阁。水曲通，林交加，夏秋之际，尘亦罕至。”[16]书中还记载有关于描写泡子河景象的诗句，如昌平韩四维的《雨中饮泡子河》，描写的是雨中泡子河的景象。此外，对于分布在泡子河岸边的私家园林也多有描写，如长洲文彭的《夜过吕公祠》、长洲文肇祉的《读书吕公祠》、吴县葛一龙的《秋夜同武仲宿吕公堂》、大兴韩弘达的《宿傅氏濯园》中对于泡子河荷径、溪流、鸟声、树影等方面都有细致描述，另外，浤益都冯可宾的《题杨氏泌园》描写到：“帝里开林水，城隅岛屿分。层楼虚日月，复经隐烟云。酒气流中散，基声岸静闻。微风动荷叶，珠露侧纷纷。”[17]以上可知泡子河也是当时京城的游览胜地。

明代初年，泡子河两岸成了明代较有名气的公共游豫园林风景区。沿岸许多园林是居民游览地，跨河有大、小石桥和泡子河桥。由于此地无车马嘈杂，极富自然情趣。明代在泡子河北岸建吕公堂、玉皇阁和慈云寺等。其中吕公堂北距贡院里许，科举之年，应试者多前来祷告乞梦。泡子河南北两岸建有多处宅园，如方家园，每到中元节多放河灯。泡子河原本不是死水，它的下游沿着水关通向崇文门外的东护城河，成为城市的一条泄水孔道。当地的吕公堂等庙宇也颇具名声。到了清代中叶的时候还是一个挺宽阔的水面，有两条水道通向泡子，一条南北方向，起自南牌坊胡同中段以东，沿着朝阳门南城根向南注于淀。

清朝末年，这里水面已经夏溢冬涸，修京山铁路，泡子河终于湮灭。20世纪30年代，泡子河还被称为北京城四大水镇之一。但在40年代已无水面，水道遗迹尚存，在水道以西出现了以泡子河得名的街巷。今日的泡子河东、西巷就是昔日南北方向的旧水道。另一条水道东西方向，西北自船板胡同西口迤南，沿着胡同的走向抵达崇文门东城根后。这就是来自北御河桥的通惠河故道。50年代建设北京火车站的时候，大部分都成了站区建筑。

2. 内城西南角的太平湖

太平湖原是护城河畔的一片湿洼地带。清代的《京师坊巷志稿》载：“城隅积潦潴为湖，由角楼北水关入护城河。”由此，形成了原内城西南角下的一片水域。位于内城西南角上的太平湖（图5-21）也是一处依托水系的公共园林。规模较小，湖上架桥两座，附近有醇亲王府邸。清朝末年“世居京师，习闻琐事”的满族人震钧在他著述的《天咫偶闻》一书中写道：“太平湖，在内城西南隅角楼下，太平街之极西也。平流十顷，地疑兴庆之宫；高

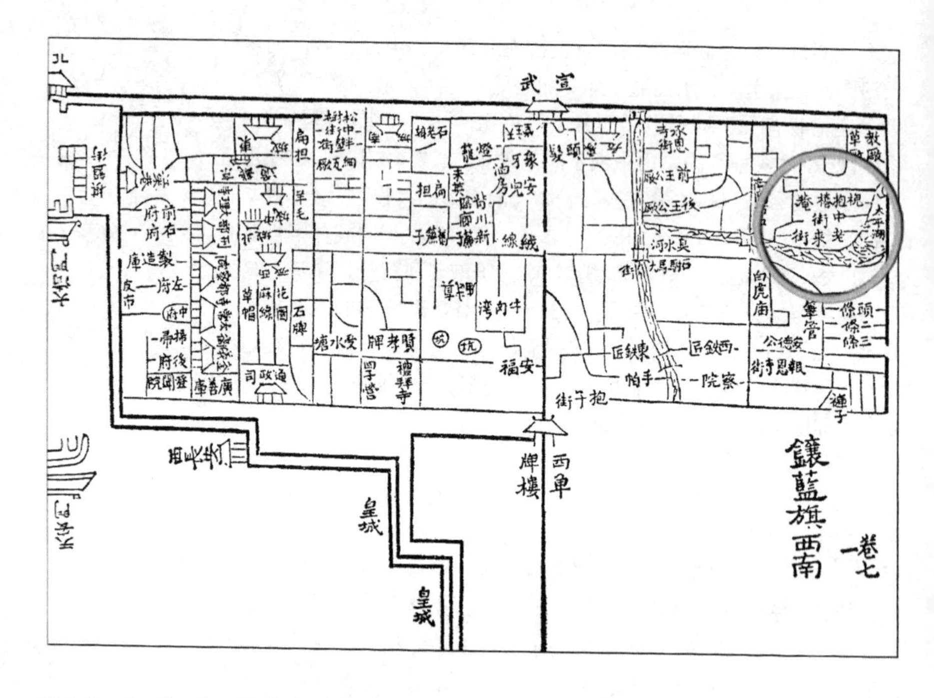

图 5-21　内城西南——太平湖（图片来源：底图源自《中国古代园林史》）

柳数章，人误以曲江之苑。当夕阳街堞，水影涵楼，上下都作胭脂色，尤令人流连不忍去。其北为醇邸故府，已改为祠，园亭尚无恙。”把太平湖比作唐长安的公共园林曲江池，足见其景物之绮丽。由以上描述来看，太平湖原是一处风景绝佳之地。据传《红楼梦》作者曹雪芹，曾与他的好友郭敏在太平湖畔的“槐园”多次聚会，还在冬天结了冰的湖上放过自制的风筝。明清以来京城西南角最大的一处水域——太平湖逐渐消失，高柳幽池已变荒土。

5.2.3　外城坑塘遗址公共园林

除上文中在内城分布的公共园林之外，在南城依城市河湖水系也形成了一些具有公共园林性质的地段，其优美的景色吸引着各阶层的人们纷纷前往，结合踏青活动，成为游赏之地。

1. 金鱼池

金鱼池在天坛以北，又称鱼藻池（图5-22）。由于“三海大河”的故道经过这里，早年间这里确实有一片不小的水面。金代，这里星星点点分布着许多小的湖泊。原为官地，明代此地多宅园，有孙承泽别业、武清侯十景园和李本纬园等。南抵天坛，一望空阔。明朝《一统志》载：“鱼藻池，在宣武门外东南，燕京城内。

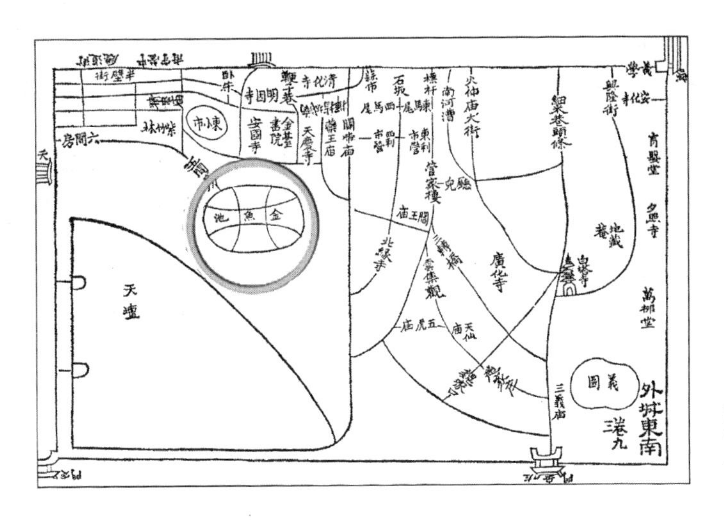

图 5-22 外城东南——金鱼池（图片来源：底图源自《中国古代园林史》）

金时所凿，池上旧有瑶池殿。”可见金鱼池早在金代就有了，到了明代人们利用这里的水面蓄养金鱼，又因这里曾是金代瑶池殿遗址，分布着大大小小众多水面，所以成为城里人游览的好去处，尤以夏季避暑、娱乐居多，每年初夏至端午游人络绎不绝，结棚列肆，狂歌轰饮。“池边绿柳掩映如画，泉水清洁，游鱼可数。”当地居民界池为塘，植柳覆盖，以畜养金鱼为业，有按时间宫内进缸内鲤鱼之例。每逢盛夏，绿茵深处，士女相呼看金鲫，投饼饵，唼呷有声。“鱼塘濯锦”为大兴八景之一。

《燕都游览志》载：“金鱼池，蓄养朱鱼以供市易。都人入夏至端午，结蓬列肆，狂歌轰饮于秽流之上，以为愉快。”这里池广数十亩，分百余池。《帝京景物略》载：“居人界地为塘，垂柳覆之，岁种金鱼以为叶。池阴一带，园亭多于人家。南抵天坛，一望空阔。岁五日，走马于此，盖金元躏柳遗意也。”

《晚晴步金鱼池》诗：“滴滴跃跃洗池塘，朱鱼拔刺表文质。接餐生水水气鲜，霞非赤日碧非莲。儿童拍手晚光内，如我如鱼急风烟。仕女相呼看金鲫，欢尽趣竭饼饵掷。”[18]从以上记载里，可以看出，金鱼池吸引大量游客，加上绿树、园亭，风景宜人，成为南城一处游览胜地。

到了清末民初，金鱼池一带日渐衰败，园林无存，垂柳皆尽，园亭颓废，污水流淌，变成了臭水沟。直到新中国成立后，政府对金鱼池地区进行了彻底整修，沿岸种植垂柳，形成公园。1965年，因水源缺乏和水质恶化被填平，建成居住区，1989年在其旧址修筑3条街道，分别命名为金鱼池东街、金鱼池中街和金鱼池西街。

2. 南下洼

南下洼一带，留下了古高梁河故道上的很多坑溏沟渠，大小水面多处，每到雨季，这些水道就会起到疏导、排泄和消纳积水的作用（图5-23）。顺着地势，将积水引到外城南城墙下东西两侧的大片沼泽之中。西侧的湖沼叫作野凫潭，新中国成立后疏浚整治为陶然亭公园；东侧湖沼就是今日的龙潭湖公园。

陶然亭位于城南郊原金代中都东部城厢区，明、清两代为著名的窑厂，专门烧制宫殿、城墙的砖瓦。以黑窑厂和南下洼子为中心，东至黑龙潭，西至龙泉寺，北至南横街，南至城墙根，亭台楼阁布列，有许多优美风景点。

清康熙初期，窑神庙坍塌，因其地高亢、视野开阔，周围地势低洼，可以欣赏到“陂陇高下，蒲渚参差”，芦苇青葱，一望无际，特别是“重阳节后，苇花摇白，一望无垠，可称秋雪”的景趣，更为引人入胜。京都名流特别是附近的宣南一带会馆林立，进京学子多喜来此登眺。《燕京岁时记》载：“时至五月，则搭凉篷，设菜肆（市），为游人登眺之所。”清康熙三十四年（1695年），工部郎中江藻，在元代慈悲庵古庙里盖了3间西厅房，取名“陶然亭”，因而得名。亭为清郎中江藻所建。亭基甚高，内曲房回廊，可以眺远。有清一代，以为觞咏之地。

据古籍的记载，瑶台茶舍至少已经有300多年的历史了，清朝乾隆年间成书的《宸垣识略》中说，瑶台上的3间正房，原是太清观的真武殿，曾有道人居住在两旁的小屋里，“夏间搭凉篷，设茶

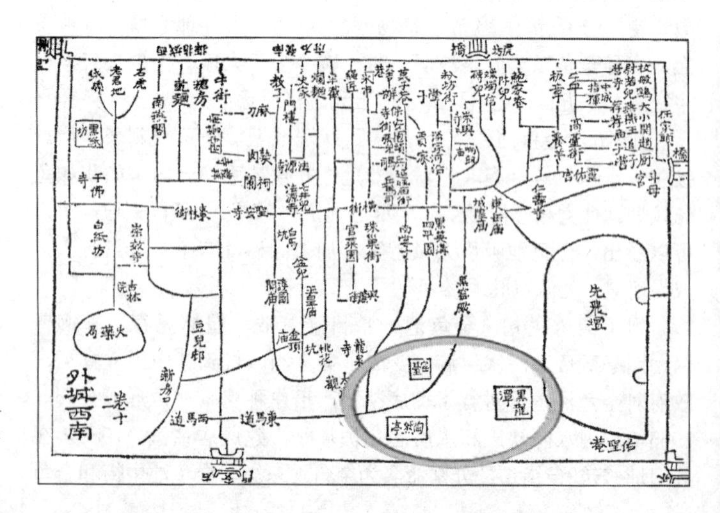

图5-23 外城西南—南下洼一带（图片来源：底图源自《中国古代园林史》）

具。重阳后，苇花摇白，一望弥漫，可称秋雪”，是当时城南的一处登高胜地。

清《顺天府志》中记载：（陶然亭）“坐对西山，莲花亭亭，阴晴万态。亭之下，孤蒲十顷，新水浅绿，凉风拂之，坐卧皆爽，红尘中清净世界也。”陶然亭的创建者江藻亦常常为之陶醉，并作有“愧吾不是丹青手，写出秋声夜听图”的赞美诗句。

过去，封建王朝实行3年一度的科举考试，进京赶考者多半住在城外（即南城），可偌大的北京城，除去市肆庙观，就是皇城禁苑，实在没有更多的风景区可供游览，于是陶然亭便成了他们畅舒胸怀、饮酒赋诗的绝佳胜地。陶然亭慢慢成为南北来往文人们的必游之地。在漫漫2000余年的历史长河中，陶然亭地区历经沧桑，从战国时期蓟城人民的聚居地到辽、金、元、明、清5个王朝京都的近郊，在这方圆数里的范围内，曾经散布着许多大大小小的古代文化遗迹和历史名园。

现在的陶然亭公园一带（图5-24），当年正处于金中都城东侧和元大都城城南近郊。这一带河流纵横，塘泽错落，景色相当优美，元、明两个朝代是陶然亭地区在古代的繁荣时期，这一带的园林和寺庙在这个时期得到迅速的发展，只在今日陶然亭公园的范围内，就曾经有过刺梅园、封氏园、祖园、龙叔寺、龙泉寺等名园古寺先后出现。封氏园是北京最早的园林之一，明朝曾为城南著名的园林。《茶余客话》中说：“封氏园，以作风氏园，俗又叫封家园。”这个花园的故址在今云绘楼、清音阁附近，园中的风光独具一格，尤其以苍劲的古松驰名京师……园内一株粗大的

图 5-24 陶然亭公园卫星影像（图片来源：google earth）

酸枣树，至今尚存，是城南唯一得以幸存的最古老的树，这古雅的景物，时常吸引一些文人骚客来此聚会觞咏。《藤荫杂记》里说：（康熙年间）梁家园、李家庄泛舟观灯诗，诗中有句云："此地足烟水，当年几溯游。"那么溪水会源源不断地流向南下洼，在黑窑厂汇集，因此，创造于元朝沿袭至明代的慈悲庵附近，便依旧是一片"飞鸟穿林，游鸥戏水"的水乡风光。至雍正、乾隆时期，到窑台登高游览的诗人雅客越来越多。窑台之上遂建起了一座道观——太清观；窑台下的路口处又有三门阁和铁马关帝庙等寺观。"窑台登眺"便成为北京南城的一处名胜。如鲍桂星的《春日窑台看雪》及《雪后等窑台》等诗，都是描写窑台雪景的，清人富察敦崇在《燕京岁时记》一书中，还专门对"窑台"作了一番解释。《藤荫杂记》上说："黑窑厂登高诗充栋，惟渔洋四律，苍凉沉郁。"

陶然亭地区有着悠久的历史，这里是辽、金、元三代都城的近郊，在明朝和清朝，它又地处北京外城的西南隅，多少年来，许多名人学者在这里留下过遗迹，写下过诗文，而这些历史的遗迹和诗文不仅具有时代的特征，也生动地反映了陶然亭的历史。[19]现在陶然亭已经是一个综合性文化休憩的人民公园，在园林艺术上，它在浓厚民族风格的基础上不断发展（图5-25）。

龙潭湖，位于北京外城东南隅，为古高梁河穿过的地区。明嘉靖三十二年（1553年），围筑外城城墙，河流故道被拦腰切断，留下大大小小的窑坑，城内雨水和龙须沟下游污水在这里汇集，芦苇杂草丛生，坟茔遍布。南城根下自古人烟稀少，芦苇连天，非常荒僻，外城东南一片泽国，更是荒的连个名字也没有。直到1952年在潘家窑、刘家窑、吕家窑和诸多大小积水窑坑之处挖出3个人工湖，筑岛修路。建筑学家梁思成先生因这一带上源来自龙须沟，与龙须沟成首尾之势，将其命名为龙潭湖，又分别称龙潭东湖、龙潭中湖与龙潭西湖（图5-26）。1984年后，东湖建为龙潭

图5-25 陶然亭公园

图 5-26　龙潭三湖卫星影像（图片来源：底图源自 google earth）

湖公园，中湖为北京游乐园，西湖为龙潭西湖公园，三园总面积1758亩（117hm^2），其中水面596亩（40hm^2）。

5.2.4　近郊河湖水系公共园林

北京城近郊一带自然分布着的河湖水系，在经历代不断的开发治理后，也都具备了一定的公共园林的性质及公共游览的功能。主要有高梁桥沿岸、长河沿岸、莲花池和钓鱼台（今玉渊潭）、二闸及安定门外的满井一带（图5-27）。这些游览地段以它们特有的自然景色和人文内涵吸引着广大人民纷纷前往游赏。发展至今其中多数或开放成为具有综合功能的城市公园，或以带状公园绿地的形式服务周边百姓和广大民众。因这些地段面积较大且水源丰富，所以，在改善环境方面的功能更为突出。

1．高梁桥沿岸

高梁桥是依托高梁河而命名的，据《长安客话》记载："桥跨高梁河，故名。离西直门仅半里许。兹水源发西山，汇为西湖，东为小渠，由此如大内，称玉河。……水急而清，鱼之沉水底者鳞鬣皆见。春时堤柳垂青，西山朝夕设色以娱游人。都城士女藉草般荆，曾无余隙，殆一佳胜地也。会稽陶允嘉诗：'小桥间跨绿生漪，一曲淙淙有令姿。流入深宫载红叶，几多临砌照蛾眉。'"[20]（图5-28）。

元代高梁桥一带已是纳凉胜地，垂柳成荫，稻田荷池一望无

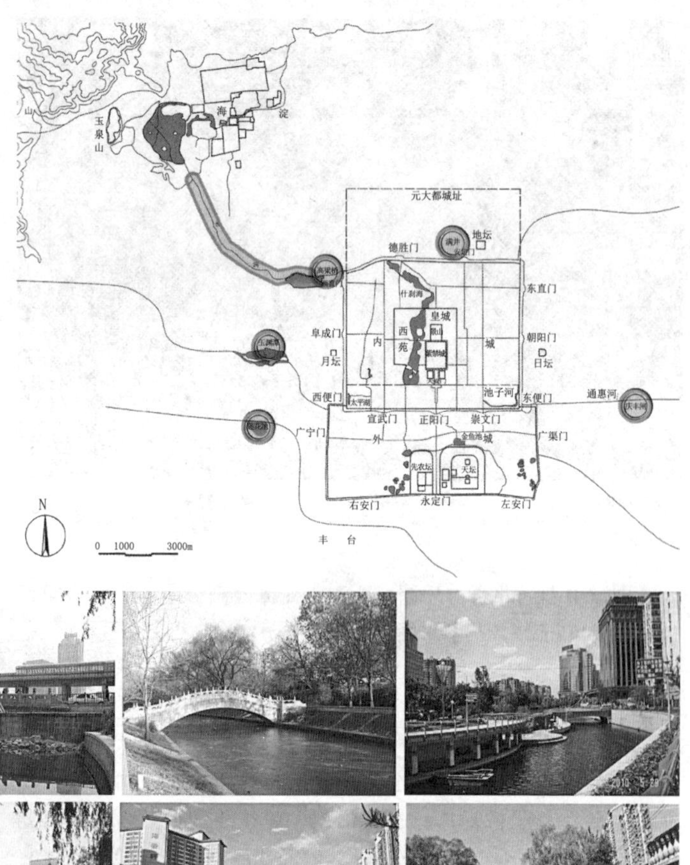

图5-27 清代北京近郊一带公共园林分布图（图片来源：底图源自《北京私家园林志》）

图5-28 高梁河风光

际。桥北佛寺密布，著名的有极乐寺，每年四月初八浴佛会，旗帜蔽空，饶吹震野，百戏毕集，延续10日才止。清代以高梁河为界，将桥以东入护城河称金水河，以西通昆明湖为长河，乾隆年间，随着皇家园林的建设，高梁桥成为交通要道，喧闹拥挤似闹市。乾隆十六年（1751年），在桥北建倚虹堂，慈禧和光绪去颐和园在此登舟。清代自颐和园昆明湖南闸口起，经长春桥、广源闸、白石桥至西直门外高梁桥，全长8km，两岸翠绿成荫、花明柳暗，景色艳艳。高梁河上，西直门外白石桥原有闸，闸上筑桥，名高梁桥。桥为青白石三孔拱券形，上有栏板望柱。辽、金、元、明、清五代，桥下潺潺流水，堤岸绿树成荫，风景十分优雅。《帝京景物略》中记载高梁桥的景象“长堤三十里，波影随行骖。”“游人以万计，簇地三四里。浴佛、重午游也，亦如之。”“岁清明，桃柳当候，岸草遍矣，都人踏青高梁桥。”袁忠郎的《琼花斋集》记载的高梁桥为京都最胜地也。“初夏风吹麦穗寒，柳花才放杏花残。高梁桥水鳞鳞碧，真似江南雨后看。”此外，有“春游高梁桥”、“清明日高梁桥看柳”、“高梁桥看走马”等诸多记载高梁桥一带繁荣景象的诗篇。

据《北京旅行指南》记载：“该地近为平民消夏胜地，垂柳成荫，稻田荷池一望无际。每当一抹夕阳时，金光万道，景致尤佳。夏季游客甚众，而种种点缀，颇具乡村风味。”

直到民国初年西直门大街的开辟和万牲园的开放，高梁桥一带逐渐冷落，河道淤塞，两岸垂柳亦多被砍伐。现高梁桥保存较好，1982年整治河道将桥面展宽，并对残损构件进行了修补。

2．长河沿岸

长河全长15000余米，原是历代京城的引水河道，它从西山山麓通过昆明湖，至海淀麦庄桥，折向东南，遇西直门注入北护城河，再东流至德胜门入“水关”，进积水潭（图5-29）。关于长河的名称，因历史时期而不同，在辽代称为“高梁河”，金代则称

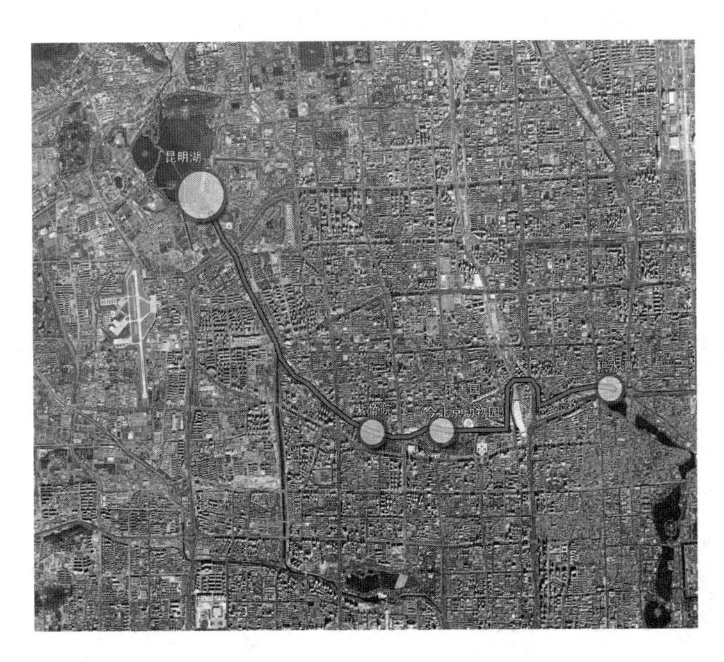

图5-29 长河卫星影像（图片来源：底图源自google earth）

“皂河”，元代改称“金水河”，明代称作“玉河”，直到清代开始称为“长河”。该河自清乾隆十六年（1751年）完成疏浚以后，一度成为皇家由大内通往西郊的御用水路，是明清时期皇都北京城内唯一的御用河道。长河过去为玉泉河支流，如今是京密引水渠的延续，到长河湾码头又分为两股。由高梁桥起，直入昆明湖。河水清涟，两岸密植杨柳，夏日浓荫如盖，游人一舸徜徉，或溪头缓步，于此中得佳趣。广源闸在长河中间，昔时，清慈禧太后乘船回颐和园，于此换船。两岸杨柳葱青，景物佳妙（图5-30）。而绵延10000余米，每到阳春，红绿相间、柳暗花明、景色绝佳的长河风光带在先后遭受英法联军和八国联军的两次浩劫后，其树木全被烧光、砍光，景象几近消亡。

长河两岸有许多名胜，绮红堂于清乾隆十六（1751年）年创建，原址在乐善园东宫门。绮红堂有两道宫门，坐西朝东，门内正殿7间，坐北朝南。正殿南面有9间南房与正殿相对，是王公大臣休息的地方。光绪时，9间南房中隔出3间，作为光绪下榻寓所。正对正殿南穿堂门，名叫南宫门，悬“绮红堂”三字横匾。绮红堂不单是御用码头，有时也是召见群臣处理国事之地。长河过紫竹桥到万寿寺有苏州街，今万寿寺西墙外为苏州街故址，街南有石坊一座，上刻“苏州街”3个字。1860年以后被焚毁。此外在长河两岸还有长春桥、西顶庙、李莲英下院、外火器营等。

在2008年北京奥运会开幕前，全国政协委员、国务院参事刘秀晨曾呼吁整治修复长河两岸的古建园林及环境，北京动物园北至万寿寺长河沿线，两岸集中了大量的名胜古迹。这些包涵大量

图5-30 长河景观（图片来源：姚瑶提供）

文化遗存的绿色廊道与长河水系共同谱写了新时代的蓝绿交响曲。

3. 莲花池

莲花池古称“西湖”，古蓟城的发展与莲花池水系有着密切的关系，因此，莲花池是研究古代北京，特别是金中都城的城市规划和城市水利发展历史变迁的实物。西湖即今广安门外的莲花池，其位置近在蓟城西郊，正当北京城区西部的潜水溢出带，地下水源十分丰沛。据《水经注》中相关记载，可知故道从蓟城城西绕到城南，然后傍城南门外东流，这就为蓟城提供了极为便利的地表水源，池底有泉涌出，流入莲花河，为金代供应中都的主要水源。而西湖本身“绿水澄澄，川亭望远”，又成为风景佳丽的郊游胜地。元代以后城址北移，莲花池水量逐渐减少，河道堵塞，池底淤浅。现在莲花池东北岸建有北京西站，在西三环路东侧（图5-31），现在的莲花池公园占地44.6万m^2，对改善周边环境和小气候发挥了重要的作用（图5-32），同时也为广大群众提供了一个休闲娱乐的场所（图5-33）。

4. 钓鱼台

古代这里是水乡泽国，泉水从地下涌出，形成湖泊，风景秀丽。辽代，这里堤柳四垂、河水弯弯、一片水乡景色。金代，这里是金中都城西北郊的风景游览圣地，当时封建士大夫们渴望的隐逸雅趣的“养尊林泉”、“钓鱼河曲”等风景名胜，就在玉渊潭里。元代，这里仍然是风景区，其中玉渊亭最为著名。直至明末，才逐渐荒芜废弃。明人公鼎的《钓鱼台》诗中描写了遗址之

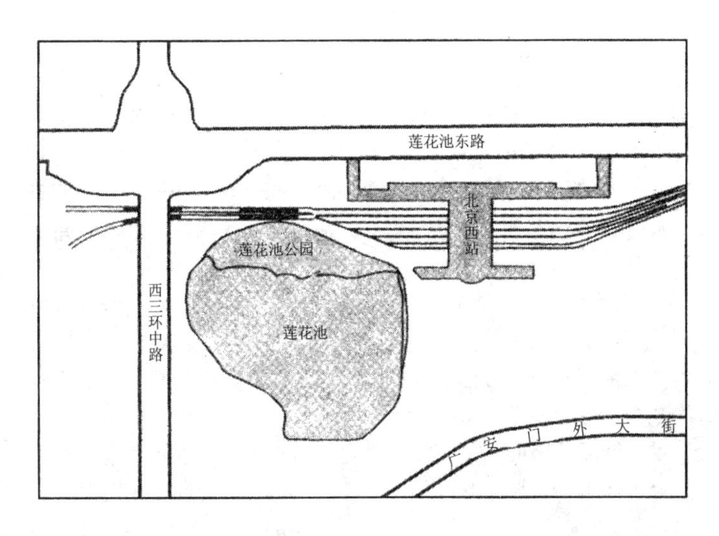

图 5-31 莲花池复原示意图（图片来源：《北京城的生命印记》）

图5-32 莲花池卫星影像（图片来源：google earth）

图5-33 莲花池公园

荒凉情况："花石遗墟入战图，蓟门衰草钓台孤。不知艮岳宫前叟，得见南兵入蔡无？"[21]又《明一统志》载："玉渊潭在府西，元时郡人丁氏故池，柳堤环抱，景气萧爽，沙禽水鸟多翔集其间，为游赏佳丽之所。"玉渊潭因为地势低洼，西山一带山水汇集于此，有着得天独厚的天然优势。清乾隆年间，疏浚成湖，并于东侧建行宫，即钓鱼台行宫，乾隆皇帝御书《钓鱼台》诗刻石："钓鱼台水别一源，夥于台下涌冽泉。亦受西山夏秋潦，漫为沮洳行旅艰。迩来治水因治此，大加开拓成湖矣。置闸下口为节宣，汇以成河向东酾。分流内外护城池，金汤万载巩皇基。众乐康衢物兹阜，由来诸事在人为。"

玉渊潭公园的总体布局是以自然山水为主，水阔林丰，形成了以山环水、以水衬山的山水格局（图5-34），全园两大湖面以长堤分割，人们置身其中，尽享清凉与惬意。每到早春，樱花绽放时节，人们踏青赏花，热闹非凡（图5-35）。

5．二闸

元代定都燕京，在城东处开辟通惠河水系，与北运河连通便于漕运，通惠河全长20km，起始于东便门，终止于通县，沿途分5道闸调节水位，五闸分别为通惠闸、庆丰闸（二闸）、高碑店闸、花闸、普济闸。庆丰闸俗称二闸，在东便门外五里许，是通惠河大通桥至通州段的第二座闸（图5-36）。

清代故都人士，每当盛夏，以小船代步，游览二闸一带，两岸芦苇掩映，夹河森荫，碧水清流，柳丝低垂，每年五月至七月中，游人如织，或泛舟水上，或饮酒品茗岸边。庆丰闸不仅是我国元代时重要的水利建筑，而且在古时，这里和什刹海、陶然亭、万柳堂（龙潭湖南）、玉渊潭（钓鱼台）、长河等处一样，都是平民百姓踏青游玩的地方，也是文人墨客聚会之所。因通惠河

图5-34　玉渊潭卫星影像（图片来源：google earth）

图5-35　玉渊潭春景

图5-36 庆丰闸区位图（图片来源：底图源自google earth）

两岸风景秀丽，特别是庆丰闸一带，芦苇白萍，鱼笛晚舟，不仅有飞泉石坝，震耳奔涛，而且两岸还有荒祠古墓，台亭园囿。直到民国期间，二闸一带仍是游览的好去处。明清时期，此地原名王家庄，元代至元二十九年（1292年），建上下二木闸，因在田东，名籍东闸。运河二闸，自端阳以后游人甚多。[22]

清代官吏完颜麟庆，在《鸿雪因缘图记·二闸修禊》中有一段关于二闸的描述："其二闸一带，清流萦碧，杂树连清，间以公主山林濒染逸致，故以春秋佳日都人士每往游焉或泛小舟，或循曲岸，或流觞而列坐水次，或踏青而径入山林，日永风和，川晴野媚，觉高情爽气各任其天，是都人游幸之一"（图5-37、图5-38）。

岸旁村舍三五，点缀其间，风景绝佳。二闸两岸列肆，酒旗茶招，飘摇于密树间，都人利用这个水利设施形成的附廓河道开辟为水上游览地，《天咫偶闻》描述："都城昆明湖、长河，例禁泛舟。什刹海仅有踏藕船，小不堪泛，二闸遂为游人荟萃之所。自五月朔至七月望，青帘画舫，酒肆歌台，令人疑在秦淮河上。内城例自齐化门外登舟，至东便门易舟，至通惠闸。外城则自东便门外登舟。其舟或买之竟日，到处流连。或旦往夕还，一随人意。午饭必于闸上酒肆。小饮既酣，或徵歌板，或阅水嬉，豪者不难挥霍万钱。夕阳既下，箫鼓中流，连骑归来，争门竟入，此亦一小销金锅也。"所以通惠河自古就有"北方秦淮"之称。

清代文人劳宗茂[乾隆三十六年（1771年）辛卯恩科第二甲进士]所作的《过庆丰闸》诗云："红船白板绿烟丝，好句扬州杜牧之。何事大通桥上望，风光一样动情思。庆丰才过又平津，立遏通渠转递频。莫谓盈盈衣带水，胜他多少犊轮辛。"描绘了庆丰闸（二闸）周边美丽的自然景色。那时的二闸，沿通惠河两岸十分繁华热闹，除了酒楼、饭馆、茶肆外，还有各种民间的文艺演出。

图5-37《鸿雪因缘图记》中描绘的二闸（图片来源:《中国古代园林史》）

图5-38 “二牐修禊”图

庆丰闸著名的酒楼有闸南的“望东楼”和闸北的“望海楼”，在《清代北京竹枝词》中有句：“最是望东楼上好，桅樯烟雨似江南”。

2009年春，朝阳区政府结合城中村改造，对该地区进行环境整治，同年9月28日建成庆丰闸遗址公园（图5-39～图5-41）。公园分东西两园，全长1700m，面积26.7hm^2，北部为现代滨水景观区，南部绿色生态文化区。西园共设有桃柳映岸、都市蜃楼、

图5-39 庆丰闸遗址

图5-40 通惠河上的庆丰桥

惠州帆影、印象之舟等4个景点（图5-42）。体现了人与自然的相互协调、传统与现代的交相辉映，是传承文化、彰显现代都市景观，满足大众休闲需要的现代精品园林。

6. 满井

据《帝京景物略》记载：“出安定门外，循古壕而东五里，见古井，井面五尺，无收有干。干石三尺，井高于地，泉高于井，四时不落，百亩一润，所谓滥泉也。泉名则劳，劳则不幽，……其初春首游也。”[23]

满井位于安定门外，是一处以泉景为依托的平民游览地。循古壕东行五里许，有古井，径五尺（1.67m），四时中满，清泉涌出，冬夏不竭。井旁苍藤丰草，掩映小亭，都人诧为奇胜。自明

图5-41 庆丰闸遗址碑

图5-42 庆丰闸公园风光

代万历年间，成为京城初春首游之地。万历二十七年（1559年），袁宏道曾写过一篇《满井游记》生动逼真地描写了满井仲春时节的景象。“出东门子城，古道三五折。破石蹶荒丘，云是故元碣。……”其中远看“山峦为晴雪所洗，娟然如拭”，近观则“波色乍明，鳞浪层层，清澈见底”，游记中写道：冰覆盖在水上，像

水的皮，水波发出亮光，像鱼鳞似的波纹。山峦被融化的雪洗干净，像少女刚刚梳洗过一样。柳梢在风中散开，麦苗高约寸许。游人虽未盛，喝泉水的、煮茶的、拿着酒杯歌唱的、艳装骑驴的，亦时时可见。在沙上晒太阳的鸟，浮到水面上吸水的鱼，悠然自得，毛羽鳞鳍间都带着喜气。

袁中郎明神宗万历二十七年（1599年）二月，游满井，在描写景色的同时，也讲到其游满井的过程，“偕数友出东直，至满井，高柳夹堤，土膏微润，一望空阔，若脱笼之鹄”，《再游满井记》中：“溪光最胜处，高柳荫长坡”，“高柳夹堤，土膏微润，一望空阔……”。从以上这些描述中可见满井途中风景之优美及游满井者之盛。

“春游满井”为大兴八景之一，是因为东城百姓与位居北京中轴线之西的什刹海相距甚远，因此在东城的百姓就近游满井一带，清代汪启淑在《水曹清暇录》中说：“井旁风草修藤，绿茸葱蒨。”粗壮的老藤其壮如伞，遮天蔽日，撑起一片清凉，面积大约有一亩（667m^2）。老藤的根部长满了青苔，周围的花草一片葱绿，生机勃勃。关于满井的描写，还有诗云：“雨过也流花片片，春深有数蝶飞飞。葑田麦陇争相绿，绿似江南未若肥。”[24]因泉水从井口涌出，四季不停，不仅浇灌了周边庄稼，又因井旁植物繁盛使景色更为清幽，远近游人相继来此，虽名曰春游满井，但在夏秋季节，满井一带景色更胜，顺德黄儒炳《游满井》记载：“秋郊迢递野云阴，随地泉源出古今。侧岸盘拏藤独罥，回塘空碧水相浸。石床煮茗闲中况，花坞班荆郭外心。暂豁公余尘半日，风杪鸟语俨山林。”[25]水源充足，花草繁盛，水汽氤氲，人们纷纷慕名前来。直至清代康熙年间满井逐渐冷落，乾隆年间已无人道及。

此外，在东便门之蟠桃宫，每年农历三月，自初一日起，开庙三日，游人亦多。然较之白云观等，则繁盛不如矣。蟠桃宫在东便门内，河桥之南，曰太平宫。内奉金母列仙。岁之三月朔至初三日，都人治酌呼从，联镳飞鞚，游览于此。长堤纵马，飞花箭洒绿杨坡，夹岸聊觞，醉酒人眠芳草地[26]。

蟠桃宫又名太平宫，系道教庙宇。坐落于东便门外桥南不远的一个小土台上。该宫后殿供奉斗佬娘娘，前殿供奉西王母娘娘，相传农历三月初三是西王母娘娘寿诞，要举行蟠桃盛会庆祝。因此，每年农历三月初一至初三在此举办庙会。届时，从崇文门外至东便门一路车水马龙，熙熙攘攘，红男绿女，鹤发垂髫，三三两两鱼贯而行。河岸两旁，摊棚林立，各种小吃，令人垂涎欲滴，沿途进香朝圣的花会，一波接一波，高跷、秧歌、舞狮各有秋千。为了点缀庙会风光，护城河在开庙之前开闸蓄水，使崇文门至东便门之间可以行船。时逢阳春三月，堤畔绿柳披拂，游人可乘摆渡，从崇文门外护城河北岸码头，直达蟠桃宫。船上聚集票友，唱单弦岔曲儿，牌子曲，时调小曲，莲花落，琴弦铮铮，边吟唱边欣赏两岸风光，其乐怡然自得。庙会上有杂技、相声、大鼓、单弦、拉洋片、变戏法、耍刀枪，应有尽有，庙西南有走马场，走车赛马的盛举[27]。

5.2.5　远郊名山寺庙公共园林

远郊的名山古寺分布众多，其中名山尤以西山一带最为著名。山间多古树清泉，而且人们置身于清幽的环境中，心情备感舒畅。另外，寺庙园林本身有着与皇家园林、私家宅院的不同的公共性特征，寺院对广大的香客、游人、信徒是开放的。而且经历比较稳定的连续发展，其历史都相当悠久，从寺庙内大量保留下来的古树名木可略知寺庙的建制年代。因寺庙在选址时重视因地制宜、因势制胜，大多以自然环境优美的名山大川为依托，而这些山形水胜之地自然就不断吸引着广大群众纷至沓来。据文献记载，在北京地区分布着众多寺庙及园林，而现存的最早的寺庙园林要数门头沟的潭柘寺，该寺为最古之寺，曾有“先有潭柘寺，后有北京城”之说。唐代时，随着佛教兴盛发展，燕地普遍建造寺院。到了辽代已达寺庙如林的盛况。数量多，且林泉雅致。明清两代，北京的寺庙之盛况，仅在西山上下就有三百古寺，随着历代的发展，有众多寺庙与自然环境共同构建了集自然景象与人文内涵共融的公共游览场所。

第 6 章

北京古代公共园林的空间特色

北京公共园林的发展与北京城市的发展问题，承载了北京城市发展过程中重要的历史遗产以及文化景观。这些融合了优美的自然风光和深厚的人文内涵的公共园林为社会各阶层的交流提供了平台，构筑了北京公共园林的空间特色，即山水空间、文化空间以及园林艺术空间的三位一体。

6.1 山水空间

中国自然主义的哲学思想是“天人合一”，突出强调的是人与自然的和谐统一，这一思想深深地影响着中国古代城市的建设。公共园林多依托自然山水环境，通常规模尺度较大，是最能够显著发挥城市综合生态效益的园林类型。因此，杰出的科学家钱学森先生在1990年提出“山水城市”的构想时，立即得到了诸多城市学家、建筑学家、园林学家及社会学家的广泛响应。山水城市是在传统的山水自然观、天人合一哲学观的基础上，把中国的山水诗词、园林建筑和山水画三者的意境融合在一起而提出的未来城市构想。山水城市倡导现代文明条件下人文形态与自然形态的结合，追求人的全面发展，是社会生态理性与人文理性的回归，体现了人类“返璞归真、和谐共生”的崇高思想，具有共生、共存、共荣、共乐、共雅的五大基本特征。它们是在千百年来的历史文化积淀中逐渐形成的。[1]

6.1.1 控制城市空间格局的重要节点

以北京什刹海地区的公共园林为例，公共园林的宏观尺度，往往成为影响城市空间结构的重要节点，并对城市形态有着巨大影响。在中心区城市结构体系的控制方面，我们不难发现，大型公共园林的建设在规划之初便关注与城市及周边自然环境的空间联系。在清华大学张杰、霍晓卫发表的《北京古城市设计中的人文尺度》[2]一文中，从空间距离和视域范围两个方面对北京古城设计中存在的人文尺度问题进行了研究，使我们更加清楚地认识到空间距离与视域范围上的人文尺度控制规律之间有着密不可分的关系。这一点在大型公共园林的建设中的表现较为突出，典型的案例还有杭州城与西湖、济南古城与大明湖、昆明古城与翠湖等。大型的公共园林均起到控制城市空间格局的重要作用。

6.1.2　体现了工程和技术的完美结合

北京历代公共园林是伴随着城址的变迁、水系治理和城市的发展而不断发展的，是工程和技术的完美结合。元大都选择北京城，就因这一带有着大片的湖泊水面、风景极为优美，同时按照堪舆的原则“得水为上，藏风次之”，因此，在选址过程中，水的因素占了很大的比重。积水潭一带的湖泊，众水所聚，其形态融聚屈曲，深合堪舆之吉利水形原则。然而，对于城市而言，水不仅为城市居民提供重要的引用水源，而且在小气候调节，空气净化，城市美化等方面都有着重要作用。北京的什刹海一带作为典型的城市公共园林，对整个北京城和区域的绿色空间和生态环境均作出了积极的努力。将物质文明与精神文明相结合，构筑城市园林系统，构筑生态城市网络，这是古代先民们的创造。尽管当时还没有现代社会意义上的生态观念，但上述的社会实践确实创造出了人与自然相和谐的城市。

6.2　人文空间

世界建筑大师伊利尔·沙里宁（Eliel Saarinen）的经典语录中有一句话，“让我看看你的城市，我就能说出这个城市居民在文化上追求的是什么。”这句话传达出的信息是：文化是城市的灵魂，而城市是承载文化的物质载体，是充满人文内涵的物质空间，需要我们不断地思考和解读。城市内外的公共园林是自然美与人文内涵的共生，公共园林在“借”自然之势，因地制宜地利用自然山水进行创作的同时，逐渐积累了深厚的文化内涵。北京是辽、金、元、明、清五朝国都，故北京文化有着集大成性，内涵丰富，并具有相对的稳定性。

6.2.1　反映古典园林的文化内涵

中国古代园林是全人类宝贵的历史文化遗产。园林作为一种文化形态，包含了多种艺术形式，融合了诗歌、绘画、书法等多种艺术创作形式，园林文化内涵十分丰富，北京的诸多公共园林中所呈现出的文化内涵更具包容性。

6.2.2　反映士大夫的文化思想

公共园林的规划设计反映了士大夫阶层希望构筑理想生活空

间的愿景，因此融入了大量的士大夫的文化思想，希望在城市建设的过程中能够将自然山水融入城市生活。而历代都城建设从选址之初，就把自然地形地貌，与城市可持续发展联系紧密的水源问题、生态问题等因素作为首要考虑的问题。经过一定程度的人工改造与整治，在城市中依托河湖水系等建立起来的公共园林逐渐成为整个城市公共生活的核心。

什刹海曾为高梁河一段自然的水系，在经历代的规划整治后，形成了良好的视觉景观效果。什刹海一带也高度融合了多种艺术门类，注重意境的表达和人文内涵的积淀。什刹海地区是融水面风光、王府、寺庙与民俗文化于一体的地区，是旧城历史文化保护的核心区域。

6.2.3 反映市民文化和承载民俗活动

传统的公共园林是典型的文化景观，具有丰富的文化内涵，是城市珍贵的历史遗产，包括大量的民俗文化，“民俗是一种具有传承性的模式化的生活方式，是民众的愿望、欲求、理想及情感的表达”。[3]随着作为民俗活动主体的市民阶层逐渐兴起以及社会等级关系的缩小，市民文化的繁荣逐渐成为社会的主流，而公共园林则是承载市民文化和大量民俗活动的物质载体。市民阶层影响下市民文化的繁荣在一定程度上已经发展壮大为能够与士大夫文化阶层相匹敌的力量，市民阶层成为社会生活的主导，在改变城市生活的同时，为城市注入了新的市井文化与活力。城市民俗种类的丰富度体现在日常娱乐休闲的民俗、民间曲艺及岁时节民俗等三个重要方面[4]。

在北京以什刹海一带为代表的公共园林中，城市居民的游园活动逐渐增多，随着园林公共性的逐渐增强，在周边聚集了大量的满足日常生活的茶楼、商铺等商业性建筑和促进民间曲艺的演出场所，如瓦舍、勾栏等，这些专门场所镶嵌在公共园林中，对于市民文化的交流及发展影响深远，周边还汇聚了众多私家名园和佛堂古寺。公共园林的服务对象逐步扩大化，覆盖最广泛的社会阶层，承载群众性的游览活动。什刹海地区广阔的水域，直到今天仍然发挥着巨大的环境效益和生态效益，对城市环境质量的改善起了积极的作用。

6.3 园林艺术空间

中国古代园林艺术博大精深，以什刹海大型公共园林区的规划设计为例，通过借西山一带景色，使城市与周边自然的环境融为一体，进而来构建北京核心区与周边环境相联系的整体结构，早在计成的《园冶》中就有记载："夫借景，林园之最要也。"[5]这一因借思想同样适用于城市规划领域，将其运用到规划大型公共园林与城市的关系中，并将各个景点有机联系成一个整体，在形成视觉廊道的同时创造丰富的视觉效果和空间层次。其中"银锭观山"一景就是远借西山景色的佳例。从银锭桥向西远眺西山，前方有狭长的水域而且没有高大建筑的视线阻挡，故有"银锭观山"之称，但现在因远处的高楼林立，确实影响了这一胜景。在1984年和1992年为巩固桥基，消除安全隐患，分别对银锭桥进行了修复，在2011年对银锭桥进行一次大修，并于同年7月13日正式通车，加大了这里的通行能力，希望这样的举措没有破坏银锭观山的景象。

6.3.1 丰富多彩的园林艺术表现形式

园林是个艺术空间，自然风景是美的，在中国古代美学史里既有对自然山水美的肯定，如南宋刘勰说："云霞雕色，有逾画工之妙；草木贲华，无待锦匠之奇；夫岂外饰，盖自然耳。"[6]也有辩证的一面，如"物有美恶，施用有宜；美不常珍，恶不终弃"。因此，园林艺术与其他艺术相通，是自然美的升华。

园林的文化蕴涵正是通过诸如匾额楹联、书画雕刻、戏曲活动、诗词活动、曲艺活动及民间传说等丰富多彩的园林艺术形式表达出来的，与民俗活动的结合更是诞生出丰富多彩的园林艺术形式。

6.3.2 汇聚众多风景园林的开发建设

在很多借助大型的城市湖泊水系发展起来的公共园林中，还经常出现因山势造亭、台、楼阁等构筑物，说明借景之妙仍须人工点染，如颐和园依托万寿山、面朝昆明湖的佛香阁、玉泉山上的玉泉塔等，这些利用自然的山水空间形成的公共园林区，经历代发展形成稳定而优美的环境，同时也吸引着众多的私家名园在此营建，这些公共园林区汇聚着大量的自然风景，包容着寺庙园林的开发、皇家园林、私家园林的建设，逐渐发展成为城市文化的集中地。而高素质建设群体、文人名士也引导了广大民众的价值取向与审美情趣。

第 7 章

从园林的公共性视角分析
民国时期北京园林的公共化演变

与中国古代园林中的皇家园林、私家园林、寺观园林不同，公共园林的研究所涉及的领域较为宽泛，而充分认识园林的公共性，同时把握公共园林主流化的发展方向，需要同城市发展过程中的功能属性、空间结构以及社会生活等多方面紧密联系。北京历史上的公共园林的发展与演变，均与社会的政治、经济、文化有着密切的关系，公共园林成为主流园林更是社会进步的象征。

7.1 社会背景

鸦片战争以后，中国沦为半殖民地半封建社会。城市生活和城市结构都发生了巨大变化，作为中西文化和意识形态冲突产物的租借地公园相继出现，我国第一个租借地公园是1868年在上海建成的外滩公园，占地面积大、布局开敞的空间建构与中国传统园林有着本质区别。从另外一个角度来看，公园建设正是殖民主义势力通过空间渗透的方式入侵中国的标志。大多数的公园均按照各国的风格营建，甚至有些通过空间布局、修建代表其文化意象和殖民侵略象征的建筑物、移植本国植物的方式以达到空间殖民化的意图。也正因为如此，国人在建造自己的公园时更强调凸显民族主义精神。中国近代公园的建设，究其原因，城市扩大、人口增加、城市环境的恶化和中上阶层游憩生活的需要，是促使城市公园发展的社会基础；民族工商业的迅速发展，新型资产阶级为追求附庸风雅的生活方式而乐于向公园建设投资，是其发展的经济基础；资产阶级所标榜的民主思想和博爱精神，是其发展的政治基础。尽管当时的公园设施简单，但就其公共性而言，已经是中国园林史上的一大进步了。

1911年辛亥革命推翻了清朝政府的封建统治，打破了北京城千百年来以帝王为中心的建设格局，结束了封建等级制度。但新成立的中华民国（1912年）却因为军阀政客争逐权势而搞得民不聊生。随着岁月的流逝，民国时期北京的不少园林胜地反而渐趋凋敝。紫禁城内御花园、三海、太庙、天坛、社稷坛以及万寿山、玉泉山等处，虽先后辟为公共游览场所，也都失之维修，任其凋零。由于军阀连年混战以及帝国主义列强的侵略，市政当局无暇顾及公共园林的振兴。真正的现代园林和城市绿化在新中国成立以后才开始快速发展。清末至新中国成立之前的半个多世纪，北京园林的状况，虽然构不成系统发展的环节，但对于北京传统园林的转折则是一个关键性的时期。随着社会制度变革的推动、服务对象的扩大、管理体制的完善，近代公共园林逐步兴起，公共园林成为主流。

7.2　民国时期北京近代园林的发展概况

辛亥革命以后，中华民国初期军阀混战，皇家御苑和坛庙反复被军阀进驻，园内不少建筑被占据，树木也有损坏。继民国3年（1914年）社稷坛改为中央公园后，天坛、地坛、北海、景山、中南海、颐和园、静明园、静宜园等次第开放为公园，千百年的禁苑对社会开放。这是很大的变化，也是历史性的转变。随着禁苑的开放，静宜园内建起香山慈幼院和私人别墅，圆明园废墟也归颐和园事务所管理，此时围墙和内部建筑的基座仍然比较完整，太湖石没有少，山音水态依然如故，后来圆明园的围墙砖石被迫拍卖和拆用，畅春园残迹被抢劫一空，夷为平地。

北京是中国最后三个封建王朝的帝都，历经元、明、清三代精心经营，成了一座典型的、完备的、封建时代的历史文化名城。从城市规划、建筑布局到皇家园林的建设，无不体现着皇权至上的原则和思想。而历朝历代兴建北京城，无不从皇宫、皇城的建设开始，最后才到大城的建设，皇家建筑及园林对民众的开放，更是将皇家的独权场所变为广大市民的娱乐之地。[1]昔日在皇权统治下的皇家园林和达官贵族的私家园林纷纷向大众开放，过去只有皇帝、贵族享用的园林风景，如今变成了市民大众游憩的公园，这是民国时期北京园林史上的显著变化。尽管有的皇家园林一度曾为军政机关占用，但最终的开放，仍为广大市民的生活和工作创造了方便条件，也是北京近代园林的萌起。

民国以后，城内兴起公园之风，城内皇宫禁苑先后开放为公园，供市民休憩游览。开放的公园有中央公园（原为社稷坛，后改称中山公园，1914年）、三贝子花园（先后移名万牲园、农事试验场、天然博物院、乐善公园、园艺试验场等，1908年）、天坛（1915年）、先农坛（亦名城南公园，1915年）、海王邨公园（原名厂甸，1918年）、北海公园（1925年）、京兆公园（原名地坛，改名市民公园，1925年）、景山公园（1925年）、中海公园（1929年）、太庙（1929年）等共13处（表7-1）。

此外，城内一些私人宅园竞相开放。如东西英中堂之余园1904年开设饭庄及茶馆，以供游览，创北京宅园开放之先例。望园1913年凭票开放，成为颇具盛名的民众消夏胜地，此外有李铁

民国初期开放的公园（1914～1929年） 表7-1

原址名称	开放时间	开放后公园名称	主管机关
社稷坛	1914年10月10日	中央公园（1928年改为中山公园）	中央公园董事会
先农坛	1915年6月17日	城南公园	京都市政公所
天坛	1918年1月1日	天坛公园	民国政府内务部下设天坛办事处
厂甸	1918年1月1日	海王村公园	京都市政公所
太庙	1924年	和平公园（太庙公园）	清室善后委员会
北海	1925年8月1日	北海公园	京都市政公所
地坛	1925年8月2日	京兆公园（1929年改为市民公园）	北平特别市工务局
颐和园	1928年7月1日	颐和园	北平特别市政府
景山	1928年9月18日	景山公园	故宫博物院
中南海	1929年5月	中南海公园	北平特别市政府组织的董事会及委员会

资料来源：《老北京公园开放记》。

拐斜街之穆家花园，王府大街之漪园等，这些小园林除了游览之外还可以看戏宴会和摄影。500多处园林会馆中以园林知名者如绸缎行业会、全浙会馆、粤东新馆等几十处，至此也更多地向外开放，招待各种喜庆寿事及风雅性的聚会。

7.3 民国时期北京近代园林的公共化演变

据《辞海》解释，古汉语中“公园之地”不同于今日的“公园”。古代的公园指的是官家的园地，属皇家私有，对于百姓来说均属禁地。

西方列强先后在中国各地建设租借公园，利用公园作为空间殖民与文化殖民的载体，企图在日常生活及思想观念上影响、奴化中国人。因此，国人在中西方文化交融的历史背景下，建设或改造公园时，更加注重挖掘民族特色的和强调教育功能。北京的园林经历代发展不断成熟后，形成以皇家园林、私家园林和寺院坛庙园林为主体的园林类型，当发展到近代时，随着封建制度的解体和西方民主思想的注入，园林开始逐渐由“私”到“公”发生历史转变。朱启钤及“公园开放运动”推动了公共园林的历史进程，并对北京的城市空间结构产生深刻影响。“旧时王谢堂前燕，飞入寻常百姓家”。

7.3.1　由“私”到“公”的历史转型

园林由“私”到“公”的历史转变有着深层次的社会原因，是近代社会发展的必然。其中以突出公众性、平民性为主要特点的城市公共园林建设在此时尤为突出。在1910年6月8～10日《大公报》中的《公共花园论》一文中，就有“我们的北京城里，应当立一个公共花园”的呼吁，其理由可以归纳为：一是给久居城市的居民一个呼吸新鲜空气的场所，一是借此机会可以在陶冶情操的同时净化人们的心灵。在京都市政公所主办的《市政通告》第22期专门有“公园论”专辑，详细介绍了西方国家的公园体制，包括英、德、法、美等国。其中对于公园兴建与市民精神日渐活泼和身心日渐健康多有记述，这说明具有公共性质的设施和场所的开辟和建设对北京的城市物质空间和市民的精神空间均有着重要影响。

1．西方的民主进步思想

受当时西学东渐的影响，一些具有民主思想的“公共”设施不断出现。而推动西方封建社会“庭园园林”走向大众园林的自由、民主，尤其是平等的思想渐渐地被中国的进步人士所认识，但因中国封建社会的历史漫长，皇权意识强大，受民主思想影响的大众化园林的开放运动进展缓慢。直到在爱国人士朱启钤的强烈倡导下，公园开放运动在中国近代才真正开始，作为标志就是以中山公园为首的皇家园林的陆续开放。

清末民初，先进的民主进步人士接受了西方的民主进步思想，极力推动将私园转化为公园的进程。因此，在社会呼吁和民主进步人士的带领下，开始了公园开放运动的进程。以思想的转变来指导并促进园林的公共化进程是民国时期北京园林的显著特征。

2．朱启钤与“公园开放运动”

朱启钤（1872～1964年）（图7-1），谱名启纶，字桂辛、贵莘，号蠖公、蠖园，祖籍贵州开州（今贵州开阳），生于河南信阳。著名的爱国人士，古建筑学家，工艺美术家。

图 7-1　朱启钤（1872～1964年）

朱启钤在任京师市政督办期间，为方便北平市民出行，顶着前朝遗老遗少的压力，力主拆除北京正阳门的瓮城城墙，对前门箭楼进行了改建，并将大清门内的千步廊朝房修整为市民广场。今天的天安门广场，即是由原来的市民广场改建而成的。此外，以朱启钤为首的京都市政公所修陆续建了一批近代公共设施，主要包括建设动物园、将帝王坛庙开放并通过增建和改建的方式成为公园、兴建历史博物馆和公共图书馆等，这些设施的修建不仅对北京的城市空间产生重要影响，对广大市民的精神空间同样产生深刻的历史影响。

1914年，朱启钤在担任北洋政府内政部长期间，提出要将北京城市的皇家园林开放的策略，认为这是“与民同乐”思想的重要表达。同年10月10日，将昔日皇家禁地——社稷坛开辟为中央公园（今中山公园），向公众开放。在朱启钤的大力宣传下，京师乃至全国都掀起了一股“公园开放运动”的热潮。社会各界积极响应。民国政府官员转变态度，百姓也接受在皇家禁地建设公园的想法。北京城市传统的公共空间也从封建等级秩序中解放出来，朝平民化方向发展。

7.3.2 从专制集权向公众开放的转换

1. 皇家禁苑的开放

辛亥革命后，清朝末代皇帝溥仪于1912年2月退位。在袁世凯的庇护下，宫城后半部的所谓内廷仍由逊位清帝占用。但至1914年，宫城前半部的武英殿已先行开放。翌年，又开放文华殿，以及太和、中和、保和三大殿，并辟为古场陈列所。1924年“北京政变”后，废帝溥仪被逐出宫。同年12月成立国立图书馆、博物馆筹备会，后经反复研究定名为故宫博物院，并在1925年10月10日正式对外开放。紫禁城外环护着的皇城，周长9km，开四门：即天安门、地安门、东华门、西安门。正门天安门外，有千步廊直通皇城南门大清门（民国改中华门）。皇城内的紫禁城周围，前左为太庙，前右为社稷坛，北为景山，西为风景秀丽的西苑三海，以及为宫廷直接服务的监、司、库、局等部门。明代皇城各门出入限时，至清代虽有居民陆续迁住，但一般人仍不得穿行。清代皇城严重阻碍内城交通。1913年，首先开辟了天安门前东西大道，神武门与景山之间也允许市民通过，从而打通了紫禁城南北和东西的两条干线。其后，又拆除了中华门内的东西千米廊及天安门前东西3座门两侧宫墙，并先后开辟南池子、南河沿、南长街、灰厂、翠花胡同、宽街、厂桥、五龙亭等处的皇城便门。

然而，现代公园最早是在西方出现的。在资本主义体制下的欧洲国家，无论是出于何种考虑，将一些皇室贵族的园林逐渐向公众开放的事实却是存在，“私园”开始变成“公园”。19世纪中叶，欧洲、美国和日本开始出现由建筑学家设计、专供公众游览的近代公园。这些公园很多是将原来皇室和贵族的花园改造而成，深受这些国家民众的欢迎。19世纪末～20世纪初，在西风渐进的中国也响起了开放皇家园林为公众提供游览休闲场地的呼声（图7-2）。

由朱启钤发起的“公园开放运动”解放了人们的思想，此后北京的皇家、寺观坛庙园林也陆续对外开放，迎接更多的游客前来参观和休闲，并最终变为公众休闲娱乐的场地。[2]

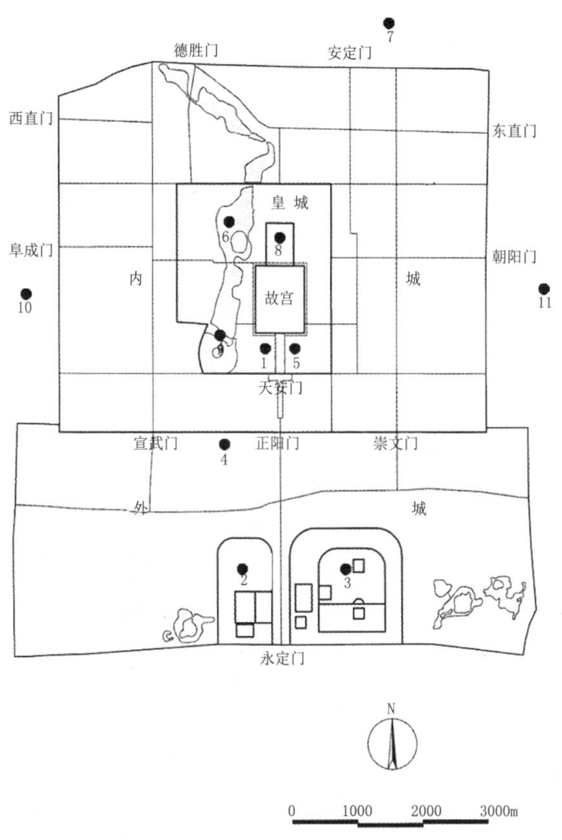

1.社稷坛；2.先农坛；3.天坛；4.厂甸；5.太庙；6.北海；7.地坛；8.景山；9.中南海；10.日坛；11.月坛

图7-2 北京旧城附近皇家园林分布示意图（图片来源：底图源自《北京私家园林志》）

皇家园林是都城人居环境的绿色网络。皇家园林与王都宫城、皇城、里坊建筑空间共同构成了良好的生态环境和城市的空间艺术。皇家园林是当时中国古代园林发展的主体之一，是当时社会创造的最佳人居环境。钱学森教授在论述“山水城市”时，曾高度赞赏将古代帝王的建筑园林开放给广大百姓的行为。这足以说明现存的古代皇家园林不仅是今天人们的旅游胜地，它的文化思想对今天城市的人居环境建设仍有启迪意义。[3]

自帝制倾覆，废帝徙居，旧日之三海、颐和诸园，均已次第开放。而社稷坛，自民初即经政府整理，点缀风景，改为公园，为旧都士民唯一走集之所。春花秋月，佳兴与同，甚盛事也。兹述苑园囿，首中山公园，次中南海，次北海，次景山，次颐和园，次玉泉山、静明园，次南苑。凡昔日帝后游幸场所，今咸为市民宴乐之地[4]。

（1）三贝子花园

西直门外的继园又名三贝子花园（图7-3），旁依长河，规模宏伟，其中大池充盈，洲屿环列，又有高柳密槐、长廊水榭，成为当时都人一大游览胜地，光绪十一年（1885年）园主将此园报效归官，后与邻近的乐善园一起用作开办农事试验场的用地。基于清朝末年慈禧太后的新政改革，将原属皇家园林的三贝子花园建成“万牲园”，并于1908年向公众开放，万牲园的开放为中国历

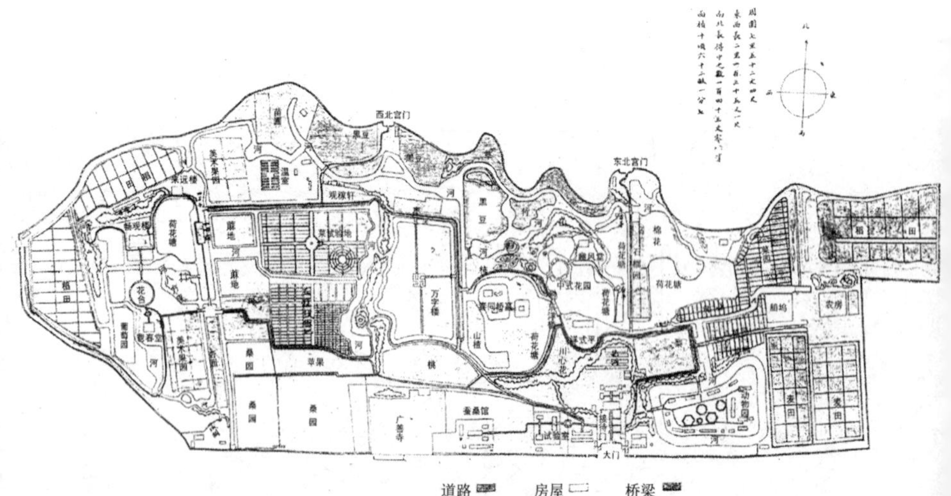

图7-3 农事试验场全图（清代）（图片来源：《老北京公园开放记》）

图 7-4 北京动物园（图片来源：网络）

史上第一家动物园，而这种开放在很大程度上是慈禧太后新政改革的结果，同时也是北京公园的雏形，为接下来的公园开放运动奠定了基础。

三贝子花园，距西直门外二里许，又称万牲园。拥有百多年历史的北京动物园（图7-4）的前身——农事试验场，昔为乐善园旧址，原系前清御园。始建于清光绪三十二年（1906年）。在《北平旅游指南》一书中，有关于农事试验场的风景描述。由于农事试验场风景优美，服务周全，又富有珍奇异兽、奇花异草，所以它在建成后几十年间，意义大大超过了“示范农场”，也不单单是个动物园，而成为一座供人游览玩乐、令人赏心悦目的大公园。诚如20世纪30年代北平市政府编辑出版的《旧都文物略》所言：“此园特以风景之优，设备之富，又以地处城郊，不僻不嚣，空气既佳，交通尤便。故来游者，于实地研究动植物及观摩农事外，咸爱其景物，视为游息之乐园焉”。[5]

光绪三十三年六月十日（1907年7月19日），农事试验场内的万牲园，开始售票展览，对外开放。当时展览内容十分有限，只是当时一些圈养的动物。此后，在光绪三十四年五月十八日（1908年6月16日），农事试验场开始正式对外开放（图7-4），售票展览。农事试验场分区为动物园、植物园和农产品试验地三大组成部分，具体内容除了展览动物之外，还有展览植物，如试验粮、棉、桑、麻、蔬菜、果木、花卉的栽培技术和经验的展示，另外还设有各种陈列室、标本室、实验室等反映科研的场所以及联系日常生活休闲之需的茶厂和咖啡馆等构筑。这可算是当时的清政府政治开化的重要表现，也算为真正做成的一件实事，让人们切身地感受到游观其中的乐趣。

1914年成立的京都市政公所及《市政通告》是宣传和建立公园等公共场所的重要阵地。通过大规模的宣传运动之后，首先从具备优良地理位置的社稷坛和天坛入手，开始筹备将其改造成为大众服务的公园。随后的皇家园林和私家园林也相继开放。京都市政公所一方面承担着改造旧的城市面貌以改善人民生活的责任，另外也有着广泛的政治意义，即将皇家、私家园林改造成大众公园，明确表明了与封建帝制王朝的旧时代彻底决裂，同时也表达了关注民生的承诺。

（2）颐和园

颐和园（图7-5）是最先向市民开放的皇家园林。颐和园在旧都城西北，距西直门二十余里。原名好山园，清乾隆十五年（1749年），更名清漪园。辛亥革命后，清帝退位后移居此园。故民国初元，仍由清室管理。民国3年（1914年），由清室设管理处，开放任人游览[6]。从颐和园开放初期来看，参观和入园条件极为苛刻，并不是免费向所有广大社会公众开放。实际上在当时能够入园参观的大多数是民国时期的达官贵人们，因此，并不能算真正意义上的开放。

从《瞻仰颐和园简章》开始实行以后，社会各个阶层均对皇家园林开放过程中的各种限制产生不满，如限定日期、人数等，甚至包括性别的限制，这激起了妇女界的强烈不满和反

图7-5 颐和园

对，因此，简章实施不久便在各种压力作用下，调整并放宽了入园的条件。

1914年年初，经步军统领衙门与清室内务府共同商定颐和园将售票给民众，并制定了票价，理由则是："于开放游览之中，寓存筹款之意。"从1914年5月开始，按照新制定的《颐和园等处售券试办章程》中，规定入门券每张售大洋1元2角，排云殿、南湖、谐趣园（图7-6）、玉泉山（图7-7）等处需另外购票参观，颐和园正式向社会有偿开放。但是在20世纪20年代的北京，这样的票价对于普通百姓来说仍然是望尘莫及。可见当时颐和园的门票是相当昂贵的，这种有偿开放是针对有限人群的，广大的民众还是被隔绝在颐和园之外。这是民国初期的情况，后颐和园经南京国民政府接受，又经北平特别市政府阶段，也没有将颐和园的票价高的问题解决，再加上1937年"七七事变"后，日军于7月31日占领了颐和园。虽然公园依然向北平市民开放，但中国人游园已经有了亡国奴味道。直到1949年4月10日，颐和园才重新向大众开放。

（3）海王邨公园

琉璃厂亦名厂甸，位于今和平门外，辽代为南京城东郊燕下乡海王村。元、明、清三代皆在此设玻璃瓦窑。清代，琉璃厂设东三门，西一门，街长二里，中有石桥一座，即厂桥，桥北即琉璃窑。窑门朝南，窑前隙地称厂甸。桥西北为官衙，东北楼门上为瞻云阁，厂内除官衙、作坊、神祠以外，地基宏敞，树木茂密，浓荫万态，烟水一泓。度石梁而西，有土阜高树十仞，可以登高眺远，琉璃厂成为学者群集之地，书肆遂亦应时大增，同时经营古玩字画和笔墨纸砚的店铺相继出现，成为著名的文化街。

在清代，琉璃厂不仅以书肆著称，且春节灯火之盛，亦为京师之冠。民国6年（1917年），京都市政公园在琉璃厂建海王村公园。

图7-6（左）谐趣园

图7-7（右）玉泉山

在广场中堆山筑池，栽植花卉，民国7年（1918年）公园开放。每年农历正月初一起，有半个月之集市，最为热闹。民国13年（1924年），在正阳门至宣武门之间新辟和平门，使逛厂甸更为方便，民国17年（1928年），北平市政府接受海王村公园，由市政财政局管理，仅每年新年和春节各开放10天，厂甸集市依旧，至1960年代停止。1984年琉璃厂街改建，将沿街店铺改建为具有清代风格的两层小楼。1989年，市人民政府琉璃厂街为历史文化保护街区。

（4）北海公园

北海公园是一座自金大定六年（1166年）始建至今830多年历史沧桑的皇家园林，它集皇家、私家园林于一身，充分体现中国古典造园艺术的传统精华，它是世界上“建园最早的皇家御苑”。北海公园位于北京市中心地区，其东为景山公园，南为中南海，西与北京图书馆分馆毗邻，北与什刹海相接。总面积为68.2hm^2，其中陆地面积为29.3hm^2，水面积为38.9hm^2。内制高点为琼岛山顶，海拔77.24m，白塔净高36m（图7-8）。[7]

北海皇家园林自金大定十九年（1179年）建成以后，历经金、元、明、清四个朝代，承载了近900年的悠久历史。《旧都文物略》记载：北海肇自辽金，风景佳胜，殿宇崇闳，为历代帝王之别苑，盛于明清。入民国后，交还政府管理。民国5年（1916年），内务总长许世英始建议开放，至民国14年（1925年），内务总长兼市政督办朱深，始实行开放，定名为北海公园，组织董事会。春秋佳日，游人蚁集，而内部一切，亦逐渐整理完好。[8]

北海湖属高梁河水系，其水自什刹海前南端流入湖内，然后向南流入中南海和故宫护城河。北海园林的形成，与历史上此地区的水域有直接关系。历史上北海一带作为永定河的故道，有一些自然形成的水面。辽代时这里是个野趣盎然的自然风景区，大片的水草，很多飞禽走兽在此栖息。金灭辽后，金海陵王完颜亮于天德三年（1151年）下令扩建燕京城（南京城），大定六年（1166年）金世祖开始在辽代初创的东北郊湖泊景区里营建皇家离宫——太宁宫。太宁宫规模庞大，其范围包括今北海、中海地区。太宁宫的园林布局采用了古典皇家园林“一池三山”的规制，湖池中坐落着用疏浚湖泊的泥土堆筑的三岛，即琼华岛（今北海琼岛，图7-9）、圆坻（今团城）和南面岛屿（位置在今中海）。太宁宫液池之水来自白莲潭。白莲潭就是后来的积水潭和什刹海。太宁宫大定十九年（1179年）建成，后又更名为万宁宫，是金帝游幸避暑的一处重要离宫。元灭金以后，在元大都的城市布局里，万岁

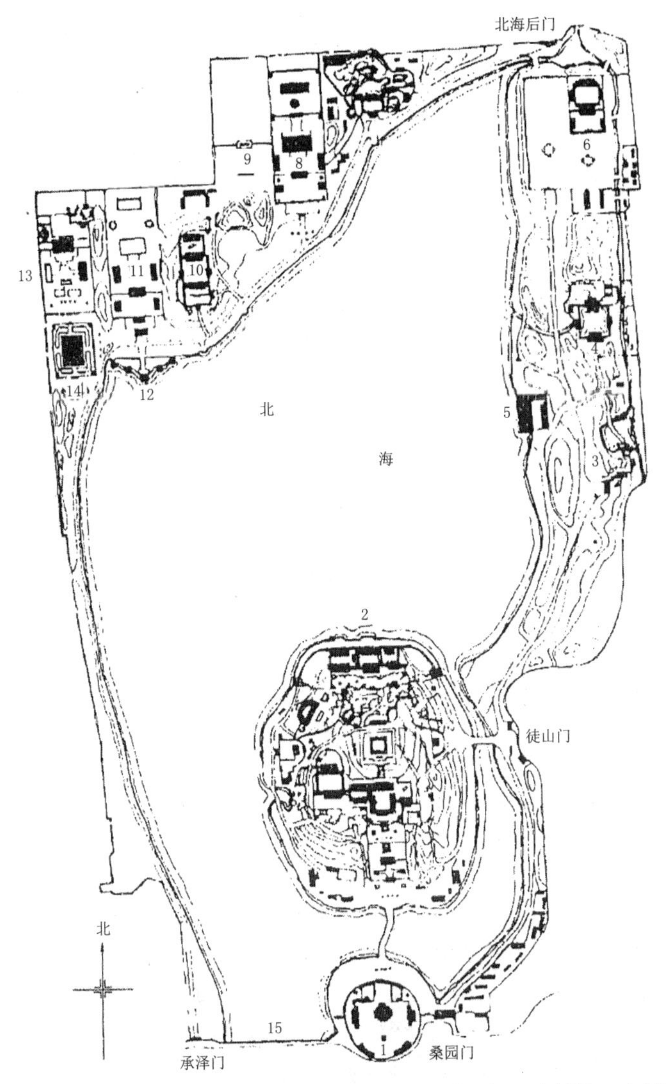

1. 团城 2. 琼华岛 3. 濠濮间 4. 画舫斋 5. 船坞 6. 先蚕坛 7. 静心斋 8. 西天梵境 9. 九龙壁 10. 澄观堂 11. 阐福寺 12. 五龙亭 13. 万福楼 14. 极乐世界 15. 金鳌玉蝀桥

图7-8 清北海总平面图（图片来源：底图源自google earth）

山、太液池被赋予至高无上的位置。明灭元后，万寿山宫苑为明代沿用，仍是皇家重地。明末，因社会动荡，这个风光秀美的皇家御苑日渐荒废。清灭明后，清朝皇帝沿用西苑为皇家御苑，唯一不同的是有了西苑三海之分。

民国2年（1913年）3月3日，逊清王室将西苑三海移交给

图 7-9 北海琼华岛

袁世凯政府。自此至民国14年（1925年）北海辟为公园之前，北海一直为袁世凯及其军阀部队所占用。据《北海公园景物略》记，北海驻军“先为拱卫军，毅军继后，后则公府各卫队，而拱卫军改变之相仿对，始终驻守”。[9]民国2年12月，袁世凯将“政治会议”设于团城，嗣后，团城长期被财政整理委员会占用。军阀部队驻园期间，苑内建筑受到较大破坏。《北海公园景物略》记：“原驻军部队不知爱护，益加摧残，数年驻军屡更，毁坏之迹，益不堪问。”[10]苑内已呈“破壁断棂，弥望皆是”的景象。民国5年（1916年）7月，内务总长许世英在国务会议上提出《开放北海公园议案》，文中写道：“查京师往日名胜地点，或僻在郊原，或囿于寺观，公共游览，诸有未宜。中央公园，最为适中，然亦嫌其过狭。其他如新辟之先农坛，又偏于城西南。北城地方，尚付阙如，不足以示普及。……仅此两处公园，仍无以适应市民需要。”由此可见，当时对于北京庞大的人口来说，公园建设是当务之急，但因时局倏变，北海公园的开放过程接连受挫。民国14年（1925年）6月，内务总长龚心湛又提开放北海，并提议仿照中央公园（今中山公园）先例，制定《北海公园开放章程》，经临时执政段祺瑞批准，交由京都市政公所办理开放事宜。先经公所督办吴炳湘主持筹备开放，后由接任督办朱深继续筹备，成立“北海公园筹备处”。于6月13日正式接收北海，令驻扎在苑内的消防队移驻苑外，京师警察厅派警入苑看守。8月1日开始向游人售票。

至此，北海公园正式向社会开放，结束了皇家御花园的历史。直到民国14年（1925年），在社稷坛已经辟为大众公园（中央公园）的背景下，经过社会各界的极力争取，北海成立了公园筹备处，仿照中央公园先例售票开放。公园筹备处制定了《北海公园游览规则》、《公园售票员规则》、《公园查票生遵守规则》、《售票收款办法》等规章。

《燕都从考》记载："北海自民国六年以来，即有改为公园之议，荏苒数载，至民国十三年始实行开放，定名为北海公园。每当春秋佳日，夕阳西下，新月微开，和风送凉，金波曜景，游人士女，三五群集，或打浆中流，或吹箫隔岸，或赌棋于别墅，或放饮于池头，西湖秦淮，殊不是过。若夫时届严冬，万籁萧瑟，游人既多敛足，而近年漪澜堂、五龙亭左右，各设冰场，以为滑冰之戏，事实沿旧，不知者乃以为欧美高风，青年之人，趋之若鹜。化装竞走，亦足以倾动一时，较之他处人造之冰场，夐乎胜矣。"[11]成为大众公园的北海给北京市民提供了一个休闲、纳凉、消遣、移风易俗的场地，当时北海里有两大活动吸引了无数的北京市民，一个是中元节的放河灯，还有一个是冬日里的冰嬉，"冰嬉"活动成了冬季时尚的体育运动。

1949年1月北平和平解放，北平市人民政府公用局接管北海公园，成立了北海公园管理处，北海仍然对外开放，市政府还拨出专款对公园的古建筑进行了修缮，还派人疏浚湖泥，整修园容。1957年10月，北京市人民委员会将北海及团城公布为北京市第一批文物保护单位。1961年3月，国务院公布北海及团城为第一批全国重点文物保护单位。1966～1976年"文化大革命"期间，公园内的一些文物古迹遭到不同程度的破坏。"文化大革命"中后期对北海公园文物的破坏大大减少了，但是1971～1977年，北海公园与景山公园停止对外开放，变成了一个禁区。北京市民只能从大门缝里看，不得进入。1978年初，北海公园终于解禁了，当年的3月1日，北京所有的报纸都登载了北海公园重新对游人开放的消息。北京市民闻讯携家带口赶来购票参观，当时游人摩肩接踵，就像过一个盛大的节日。

自改革开放以来，北海公园扩大了游览景点，挖掘了古园林的文化内涵和人文景观，也提高了公园绿化美化的水平，达到了对文物古迹既保护又合理使用的目的，使这座古老的皇家园林在有中国特色社会主义的新形势下焕发了勃勃生机。北海公园因处于北京城区中心，大批北京市民将公园作为自己的晨练场地，形成了一道极其美丽的城市风景线。

（5）景山公园

有千年历史的景山位于北京的中心。历史上对于初期的景山是否已经形成现在的园林格局未作记载。却记载在辽代以前，景山前面已经有了宫殿建筑群，历史记载表明，在辽建南京以前，这里早已经形成宫殿林立的景象，建筑轴线也已构成，辽代的契丹人只是承袭了旧制。在《三海见闻志》中李景铭补充说："即有宫殿，必有苑泽。北海唐时是何状况，殊不可考，以意度之，必有洼地林阜，及辽则已圈作别苑矣。"

景山开发于金代，大定十九年（1179年），世宗完颜雍在中都城东北部湖泊一带建成太宁宫，据《金史》载：张仅言"互作太宁宫，引宫左流泉溉田，岁活稻万斛。"[12] 景山作为大内御苑，是清代以前供帝后重臣们休闲娱乐的场所。

元人陶宗仪在《辍耕录》中讲："城京师，以为天下体，右拥太行，左注沧海，抚中原，正南面，枕居庸，奠朔方，峙万岁山，浚太液池，派玉泉，通金水，萦畿带甸，负山引河，壮哉帝居！择此天府。"景山公园随着元大都城的建成而成为皇城的御苑至今也有730多年的历史。

景山明代称万岁山，俗称煤山，清顺治十二年（1655年）改名为景山（图7-10）。《燕都丛考》记载："景山又名煤山，明庄烈皇殉国于此。今其自缢之树尚在，惟已枯其半。寿皇殿存有清历代御容，千年古物陈列所取去，清室提出异议，几成讼。周赏亭已圮。民国十七年葺而新之，其余各亭一并修葺，遂开放处为游人登览之所。"

景山地处北京城的中轴线上，占地面积23hm^2，海拔高度88.35m，山高42.6m。它是一座以人工堆砌的土山为主体，并缀以亭台、楼阁、殿宇等建筑及花草树木的御苑，为皇帝游幸之地。北界景山后街，东临景山东街，南面是故宫博物院神武门，西面隔街对北海。古时候，景山是这片平原中心最高的山峰。站在景山之巅，从西、北、东三面可以看到群山环抱着的北京城，使国都呈现着固若金汤的雄伟气势；南面可以遥望千里沃野，江河襟带，呈现出一望无际的大好河山。北京的南北中轴线形成于金代以前，如果从北京的南北城墙之间进行测量，景山的万春亭所处的位置，正好是北京南北中轴线的中心点，这是古代人以景山为中心，经过精心测量，对北京城市进行总体规划和建设的结果。《诗经》中有"定之方中……景山与京"的说法，取历史上在国都

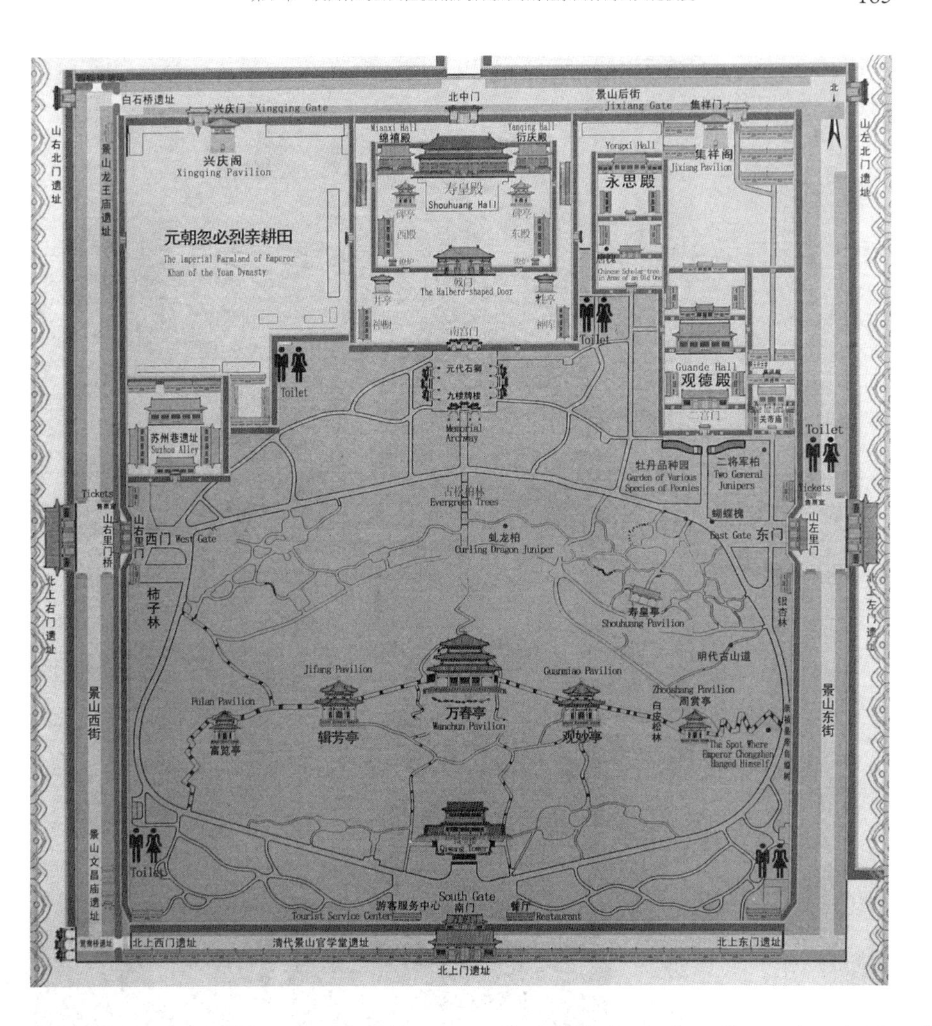

图7-10　景山历史原貌复原图（图片来源：北京市景山公园管理处）

的中央堆叠景山，并以景山为中心的“定之方中”的做法，不仅对北京城市的规划与建设起到了非常重要的定位作用，而且有历史传统的依据（图7-11）。

1928年景山正式开辟为公园。景山的东、西、南三座大门的两边侧门长期关闭。景山的伟大在于，它作为北京城市建设的基点，确定了北京城市建设的轴线，影响了整个北京城市的总体规划与发展，而且景山园林还从中华民族传统文化、宗教信仰、美学观念、科学技术、建筑艺术、植物栽培技能等多方面，记载和传承了中华民族最优秀的文化，展现出近千年来中国文化发展的成就。

（*a*）从故宫西北侧筒子河边观赏景山前街旧影

（*b*）景山及北上东门雪景

图 7-11 景山公园（图片来源：北京市景山公园管理处）

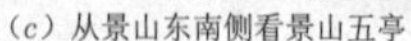

（*c*）从景山东南侧看景山五亭

（*d*）穿过皇城的北京中轴线

（6）香山公园

古时香山曾是杏花山，每年春季杏花开放，清香四溢。明代王衡记载："杏树可十株，此香山之第一胜处也。"《帝京景物略》中有记载："山所名也，曰香炉石。或曰：香山，杏花香，香山也。"《帝京景物略》中载："京师天下之观，香山寺当其首游也。""劳动大学"全部迁出后，香山正式开放被提上了议事日程。经过整修，香山公园于1956年辟为公园，对广大市民免费开放，1957年香山公园不再免费，对游客收取一角钱的门票。香山公园的香炉峰是喜欢爬上的北京市民最爱去的地方，香炉峰是香山公园的最高处，海拔557m，因其地势陡峭，登攀困难而俗称“鬼见愁”。

此外，北京的中南海、孔庙、太庙、历代帝王庙也先后开放。1917年，北京孔庙大修竣工后，实行售票开放，每月参观皆达千余人。1924年太庙辟为公园，遂以和平公园命名，对外开

图 7-12 历代帝王庙（图片来源：北京市景山公园管理处）

（a）历代帝王庙大殿背影

（c）历代帝王庙中雕刻精美的御碑碑帽

（d）历代帝王庙中戟门

（b）历代帝王庙中的御碑

（e）历代帝王庙中大殿

放。20世纪20年代后，历代帝王庙（图7-12）、钓鱼台行宫、紫竹院行宫、万寿寺行宫也先后出租并对外开放。

2．私家花园的开放

私家园林是古代士人物质生活升华和心灵净化的空间。士阶层是创造精神文明的主要力量。在封建阶级社会，儒家士人的治政观念是“民为贵，社稷次之，君为轻”（《孟子·尽心章句下》）。把广大士庶百姓置于治理社会之首位，“与民同乐”，“与众乐乐”（《孟子·梁惠王章句上》），这是儒家“道统”思想得以在社会民众中传承2000余年的社会基石。

北京的私家园林在元、明、清各朝均出现高潮。从开放的角度来看，早在元代位于大都城内海子岸边的万春园作为私园就曾向社会开放，兼有公共风景区园林的性质。明代，惠安伯张元善在西郊筑有一座牡丹园，方圆数百亩，遍植牡丹、芍药，密如菜畦，完全以花取胜，成一大特色，为京人游观胜地。明代北京一些以花木为胜的郊外私园常向游人开放，而城内的公侯、外戚、宦官府园多比较幽闭，不易入游。

新中国成立后，北京私人园林被没收归公有，有的私园变成了大学校园的标志性景观，有的私园被政府机关或学术团体用作办公场所，有的私园成了劳动人民休闲、小憩的城市公园（图7-13）。

北京的私家园林，根据其规模不同分为大型、中型和小型，其中以大型私家园林的艺术成就最为突出，现存的大型私家园林多属王公贵族、豪门显宦所有，面积一般都在20亩（1.3hm^2）以上，很多优秀的案例，集中体现了北京私家园林的独特性和丰富性。但现存的北京私家园林绝大多数都不向公众开放，也难以得到社会认知。[13]

（1）恭王府花园

恭王府是北京规模最大且保存最完整的一座清代王府（图7-14），位于北京的什刹海，门牌是前海西街17号。恭王府始建于18世纪末，早期为康熙年间大学士明珠的宅邸，后为乾隆年间大学士和珅所有。

中华人民共和国成立后，恭王府府邸先后属于辅仁大学、北京师范大学、北京艺术学院、中国音乐学院，恭王府花园部分由5个单位分别使用。再往后，恭王府成为北京艺术示范学院校舍及中国艺术研究院的办公和教学地点。1982年2月23日，恭王府被国务院列为全国重点文物保护单位，这是第一个被定为国家级文物保护单位的府宅园林。同时，开始清理长期在此办公的部门和机

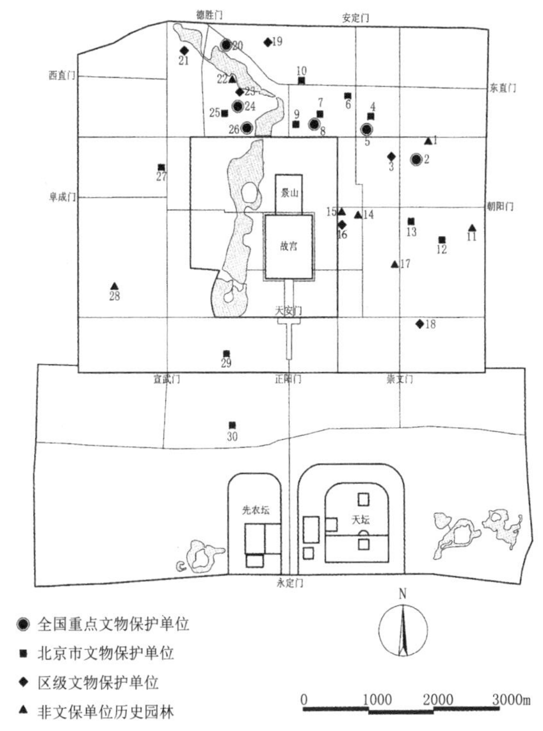

1. 谟贝子府园　2. 崇礼宅园　3. 马家花园　4. 志和宅园　5. 顾维钧宅园　6. 载攮宅园　7. 绮园　8. 可园　9. 荣源宅园　10. 鼓楼东大街255号宅园　11. 莲园　12. 明瑞宅园　13. 李家花园　14. 余园　15. 翠花胡同某宅园　16. 俊启宅园（澹园）　17. 那家花园　18. 意园　19. 盛宣怀宅园　20. 醇王府园　21. 棍贝子府园　22. 振贝子花园　23. 鉴园　24. 恭王府园　25. 涛贝勒府园　26. 乐达仁宅园　27. 西四贝三条11号宅园　28. 学院胡同39号宅园　29. 郝家花园　30. 阅微草堂

图 7-13　北京旧城区现存主要私家园林（含局部遗存）分布示意图（图片来源：《北京私家园林志》）

图 7-14　恭王府花园的水榭（图片来源：网络）

构，并对恭王府的古建筑进行修缮维护。1988年，整修一新的恭王府花园部分对外开放，成了可供普通市民游览观光的城市公园。

（2）可园和阅微草堂

可园（图7-15）是清光绪年间大学士文煜的宅邸花园。可园始建时一定程度上借鉴了苏州拙政园的狮子林，是一座两进的小型花园，前园疏朗，后园幽曲，东西有游廊与左右相通。

1949年后，可园曾被朝鲜驻华使馆使用，后辟为招待所。使用单位为工作方便，将可园花园西南部分走廊拆除，将东院内假山上的敞轩改建成房屋，在山北又建了一座二层楼房。庆幸的是中院庭园主要建筑无大变化，保持了可园的本来面貌。作为保存比较完整的清末北京私家园林，可园现在已被国家列入重点文物保护单位。

（3）勺园、朗润园、蔚秀园

勺园、朗润园、蔚秀园、承泽园这四座私家园林均位于北京大学校园里面。因此又合称为北大燕园。勺园不仅规模很大，而且造园手法非常出色。朗润园作为北京西郊一座王府赐园，至今仍留存延续了嘉庆以来的基本格局，以曲水和土山环绕全园，建

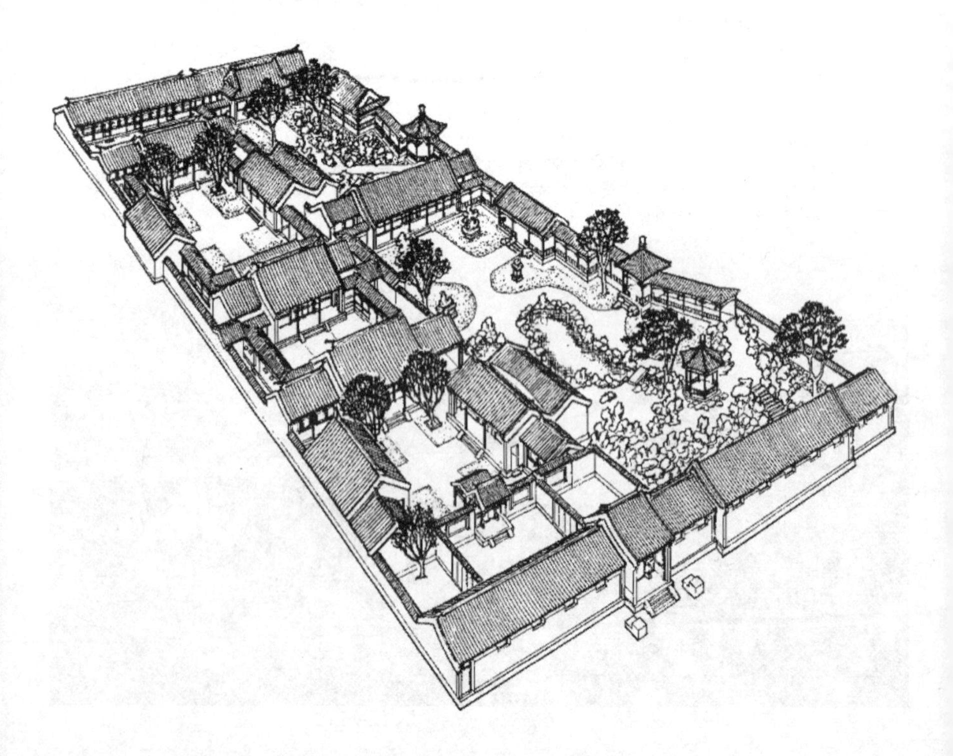

图7-15 可园复原图（图片来源：《北京私家园林志》）

筑院落居中，荷竹松柳并盛，形成了自己的独特景色，是一处十分珍贵的古典园林实例。

（4）清华园

清华园又称李园，是李伟建造的私人花园中最大的一个，占地1200亩（80hm^2），“广七里”、“周环十里”，规模宏伟、气势磅礴，在当时属于超大型的私家园林。继承了康熙年间皇子赐园的东半部，并曾一度成为皇家御苑，直至今日依然保持着康熙时期的景致格局，空间疏朗、水系清幽、花木繁盛，是西郊诸园中难得的实例。

（5）余园

余园位于北京东城东厂胡同路北，东临王府街，北临翠花胡同，其基址在中国社会科学院考古研究所范围内。初名为“漪园”，后改“余园”，民国期间为袁世凯所购，后为黎元洪宅园，民国期间为日本东方文化事业总委员会办公场所。余园位于城市核心地带，周围三面为胡同，缺少良好的借景条件。如今的余园基本被毁。

3．寺观坛庙的开放

历史上，宗教曾广泛深入到社会生活的很多方面，从而对城市及其规划产生过较大影响。宗教空间通过提倡管理层面的公共化和功能层面的多元化，主动融入当代生活。北京的寺院园林自然也不例外，寺院的管理者也乐于接受这一时代变化，一方面拉近了寺院与信教群众的距离，一方面也有利于宗教自身的发展。

坛庙园林发展到乾隆时期达到了历史上的鼎盛时期，各坛庙规划有度，建筑鼎新，坛像庄严，而且有林海松涛，堆云积翠，是北京古典园林中的重要组成部分，也是珍贵的坛庙园林文化遗产。

清代自顺治帝定鼎关内，历经康熙、雍正、乾隆三朝国力日益强盛，佛教发展日渐兴盛，寺庙园林也随之发展。寺庙园林的繁荣程度已远超过往任何一朝代。北京地区的寺庙园林，按照位置、布局、功能的不同，大致分为3种类型，一是寺庙庭园，使寺庙建筑与庭园融为一体；一是寺庙附属园林，于寺旁专辟园地，以构成园林意境为主；一为山林寺庙，坐落于风景优美的山林中，使寺庙成为风景区的组成部分。

白云观为道教全真派的著名道观之一，每年春节开庙之后，游人香客纷至沓来，香火极盛，而尤以正月十九日纪念丘处机诞辰的“燕九节”最为热闹，形成一年一度的繁盛庙会。

报国寺位于西城区广安门内大街路北，为明清两代的京师名刹。清以来，民间有佛寺赏花之风，每逢四月牡丹盛开之际，京城人便相约结伴来此看“牡丹仙”。

护国寺位于西城区护国寺街路北，为元、明、清三代京都著名的大喇嘛寺，又是清代北京五大庙会（隆福寺、护国寺、白塔寺、土地庙、花市）之一。在老北京的记忆中，护国寺是因逢七逢八的繁盛庙会而誉满京城。自民国11年（1922年）改为阳历逢七逢八开放。据《燕京岁时记》云：“开庙之日，百货云集，鸟、虫、鱼以及寻常日用之物，星卜、杂技之流，无所不有。乃都城内之一大庙会也。”

（1）中央公园（社稷坛）

中央公园，唐代这里是古幽州城东北郊的一座古刹。辽代，在海子国建瑶屿行宫，将这座临近御苑的古刹扩建成大型僧刹兴国寺。元代，元世祖忽必烈建大都城，兴国寺被圈入皇城内再次扩建为万寿寺喇嘛庙，专供皇帝率领大臣占香作佛事之用。明代，明成祖永乐年间建北宋宫殿的时候，根据“左祖右社”制度于承天门（天安门）之右，把万寿兴国寺改建扩建为社稷坛。社稷坛建成于明朝永乐十八年（1420年），“社”代表“土”，“稷”代表“谷”，合起来就代表“国家”。在明朝，除了重大的祭祀活动以外，社稷坛平日里是一块封闭的禁地，此状况一直持续到清朝灭亡。社稷坛是明清两朝皇帝祭祀太社神、太稷神的庄严场所，是皇权王土和国家收成的象征。1900年八国联军侵占北京，美国侵略军的司令部曾设在此。

鸦片战争后，西方列强在中国开设租界，同时把欧洲式的供市民游览休息的公园也传到了中国。而北京作为拥有百万民众的城市，皇家园林比比皆是，却连一座大众公园也没有。朱启钤由此产生了建市民公园的想法。在社稷坛内“古柏参天，废置既逾期年，遍地榛莽，间种苜蓿，以饲羊豕……渤溲凌杂，尤为荒秽不堪”。面对破败的社稷坛，朱启钤灵机一动，萌生了将社稷坛开辟为市民公园的念头。朱启钤据理力争，在各种场合宣传自己的观点，欲将京师首善之地向民众开放。

在朱启钤先生的带动下发起了“公园开放运动”，之所以中山公园为首位，是因“中央公园之地位适中，故游人亦甲于他出。春夏之交，百花怒放，牡丹芍药，锦簇成堆。每当夕阳初下，微风扇凉，品茗赌棋，四座俱满。而钗光鬓影，逐队成群，尤使游人意消。”[14]　中央公园于1914年10月10日正式开放。开放当天，“男女游园者数以万计，蹴瓦砾，披荆榛，妇子嘻嘻，笑颜哑哑，往来蹀躞柏林莽中”。中山公园的开放，使城市公共空间扩大，容纳了更加多样的社会生活，是新旧文化的碰撞、中西文化的融合，同时也是一个国家政治与文化职能的体现。昔日的皇家禁地成为公共园林，向平民百姓开放，中山公园逐渐由“遍地榛莽，间种苜蓿，尤为荒秽不堪”变成“古柏参天，苍松夹道，景致清幽，令人心旷神怡”的景象，后为纪念辛亥革命，在1928年将其改为中山公园（图7-16）。在中山公园开放后不久，朱启钤主持制

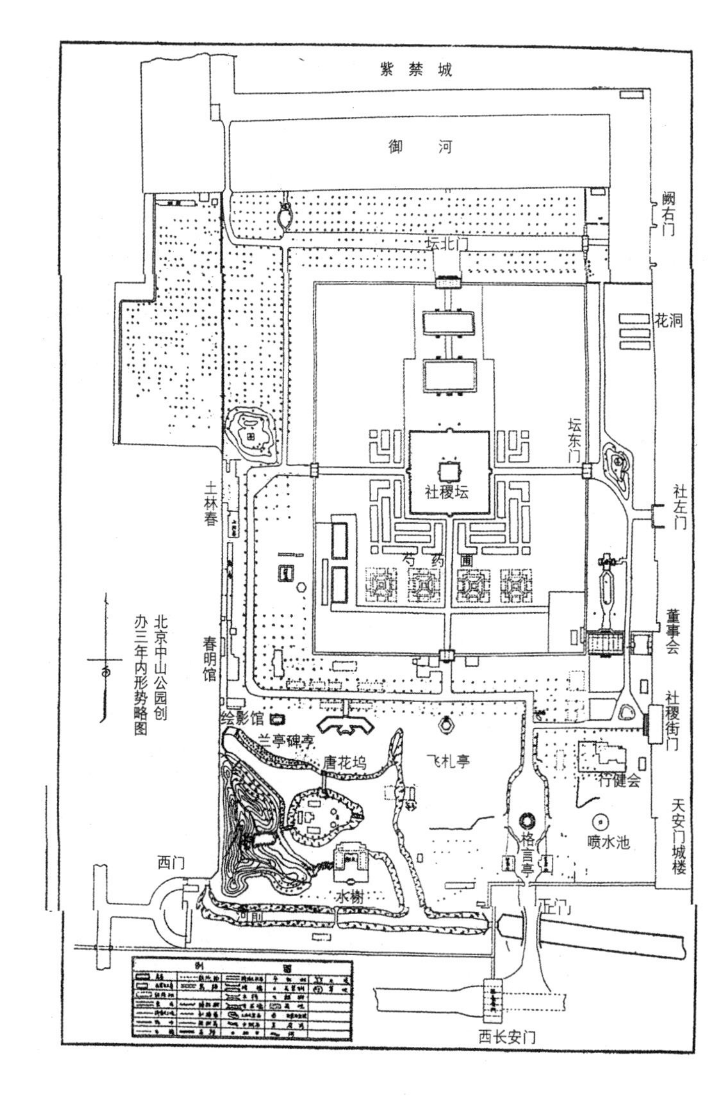

图7-16　中山公园平面图（图片来源：《燕都从考》）

定了《胜迹保管条例》，明确提出对古建筑进行保护的措施，既满足开放游览的需求，又能较好地保护古建筑，因此，受到建筑界、文化界的广泛赞誉。

自从1916年起，公园连续每年举办规模盛大的赛菊大会，并于1928年将菊花正式定为北京市的市花。此外，中山公园还为一些民间社团的发展创造了空间，通过举办体育赛事，积极地促进公众健康，公园也为市民提供了政治表达的空间，为公众生活提供平台，通过经常举行面向市民的大型筹赈活动，加强公众参与，使人们能够积极地参与到公共事务中去，但由于门票制度，在当时贫富差距悬殊的社会背景下，穷人们并没有能力进入公园中（表7-1）[15]。

民国时期，开放后的公园成了宣传民主主义的基地，具体内容包括在公园内建立一系列有纪念性特征的构筑，如纪念碑、纪念亭等。而作为深层次的原因，在民主主义思想不断高涨的年代，公园也可以作为对人们进行培养和教育的场所，构建政治空间。中央公园的开放在改善生态环境和提供娱乐之外，还希望通过新型休闲形式的大众化来改良社会。此时国家利用新创立的公共空间，实施社会整合与控制。

朱启钤首先把明清两朝的皇家社稷坛改建成中央公园，中央公园的开放虽然晚于清末农事试验场（1908年），但它是北京第一座经过精心规划、由皇家坛庙改建成的大众公园，集中体现了建设者的远见卓识。在中央公园的开放取得成功后，朱启钤又先后对其他曾经隶属皇家的园林积极开展有效的措施，促使其相继开放。有了中山公园的开放经验，随后的皇家御苑和风景名胜的开放便有了依据和参照。因此，可以说“公园开放运动”取得了全

中山公园售票方法 表7-1

种类	颜色	价格	使用人次	说明
普通游览证	黄	小洋一角	一人一次	逐日售票，随时可用。一次购30张收费2元
定期游览证	率	大洋6元	一人用4个月	有效期从购买之日起计算
第七游览证	青	大洋12元	一人用一年	同上
家族用游览证	杏	大洋24四元	每次10人为限，用一年	专为家庭同游使用

资料来源：《老北京公园开放记》。

面的突破和胜利。

（2）先农坛

北京先农坛创建于明永乐十八年（1420年），建于正阳门西南，与其东面的天坛（原称天地坛，明嘉靖时始称天坛）建筑群成掎角之势。先农坛是与明代北京城同时建起来的，是明代北京城都市规划中的一个重要组成部分。始建时沿用明初旧都南京的礼仪规制，将先农、山川、太岁等自然界神灵共同组成一处坛庙建筑群。

1913年1月1日，内务部古物保护所决定将天坛、先农坛暂行开放10天。在向市民发布的通告中说："查城南一带，向以繁盛著称，惜所有名胜处所，或辟在郊原，或囿于寺观，既无广大规模，复乏天然风景……惟先农坛内，地势宏阔，殿宇崔巍，老树蓊郁，杂花缤纷。其松柏之最古中，欧美各帮殆不多，觏询天然景物之大观，改建公园之上选也。兹为都人士公共游乐计，特开发该处为公园。"是日各处一律开放，不售入场券，凡我国男女，吾界及外邦人士届时均可随意入内游览。内务部、外交部与京师市政公所还联合发行"介绍券"，供在京外国人持之入坛观瞻。此次活动，为京都皇家坛庙禁地对社会百姓开放之先河。

据《北京市志稿》记载："先农坛市民公园系于中华民国四年春天筹备开放，售票任人游览。"即1915年6月17日，是农历的端午节，内务部发布公告将先农坛辟为"市民公园"，实行售票开放，正式供人游赏。另据《燕都从考》记载："先农坛，自民国初年即改为城南公园，售票较其他公园为廉，然以辟在城南，游人较少，坛地甚广，外坛北面之一部分，于中华民国三、四年间，划为城南游艺园，其余各地，均归公园管理。"在京都市政公所的主持下，先农坛举行了市民公园开放仪式。继先农坛开放为市民公园后，天坛公园、和平公园（太庙）、京兆公园（地坛）等相继开放，近代公共园林渐成主流。

（3）天坛公园

始建于明朝永乐十八年（1420年）的天坛是北京最具园林之胜的一座坛庙，它是明清帝王祭天祈谷的场所。天坛位于北京正阳门东南，占地273万m^2，是中国现存规模最大、形制最完美的古代祭天建筑群（图7-17）。中华民国以后，天坛停止祭祀，但游人不禁，而各界在坛中集会亦多，尤以每年春季，学界运动会最为热闹。

《帝京岁时纪胜》记载："帝京午节，极胜游览。或南顶城隍

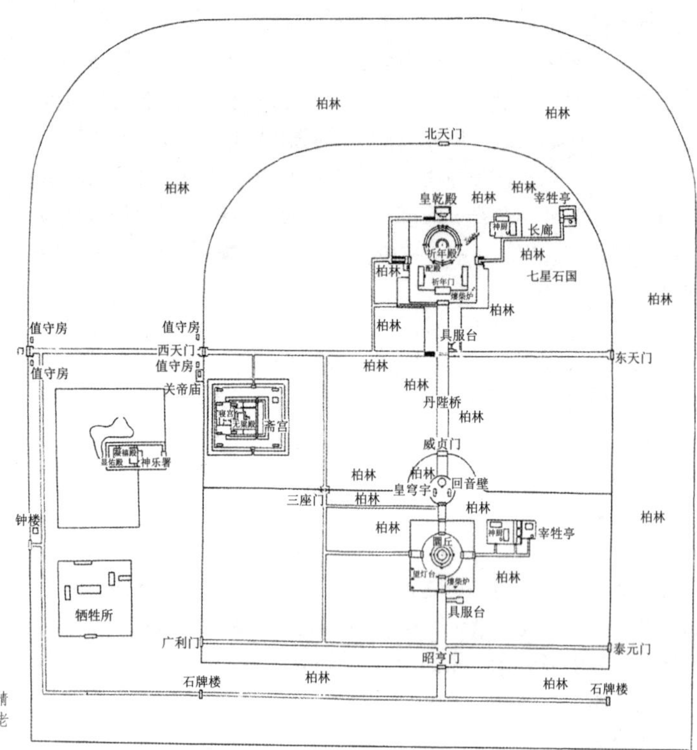

图 7-17 天坛全图（清代）（图片来源：《老北京公园开放记》）

庙游回，或午后家宴毕，仍修射柳故事，於天坛长垣之下，骋骑走缛。更入坛内神乐所前，模壁赌墅，陈蔬肴，酌余酒，喧呼于夕阳芳树之下，竟日忘归。”[16]

天坛作为皇家祭坛的历史长达490多年，一直是无上神圣的所在。根据《爱国报》❶中关于天坛开放的时间记载，开放的具体时间为1913年1月1日，开放10日，任人入内游览，虽然开放仅10日，但这是天坛第一次明令开放，是将皇家禁苑辟为公众游览场所的先河。与此同时，社稷坛仍在改建中，还未向社会开放，因此当天坛宣布开放时，京城普通百姓对于这样破天荒的免费开放充满了好奇与期待，于是便毫无限制地蜂拥而至皇家禁地。对于当时开放之日的游园情况，从刊登于1913年1月13日的《正宗爱国报》上的一篇《游坛纪盛》中得知，“天坛门首，但见一片黑压压的人山人海，好像千佛头一般……这一开放，把荒凉的坛地变成无限繁华。”足见其盛况空前。

1918年1月1日，天坛二度开放。天坛的开放，受到了最广泛

❶ 1912年12月26日《爱国报》的报道中，有“兹定于民国2年1月1日，共和大纪念日起至10日止为本所开幕之期。是日各处一律开放，不售入场券，凡我国男女，吾界外邦人士届时均可随意入内观览”。尔后《爱国报》1913年1月13日号又刊文章——游坛纪盛。其文曰：“中华民国2年1月1日为始，前门外天坛先农坛各开放10日任人入内游览。”

的欢迎，多数人认为天坛开放，象征着共和制度的巩固。天坛的开放最终实现了从专属皇家的祭坛转为对公众开放的皇家坛庙公园。

（4）京兆公园（地坛）

地坛，又称方泽坛，坐落在京城北部安定门外大街东侧，与南部圜丘坛（天坛）遥相呼应，分别象征地与天。《北平特别市工务局特刊》载有京兆公园创办事迹。嘉靖皇帝在吸纳大臣们的意见后，将南郊地坛天地坛改为圜丘坛（天坛）、方泽坛（地坛）、朝日坛（日坛）和夕月坛（月坛）环绕京城的格局（图7-18）。

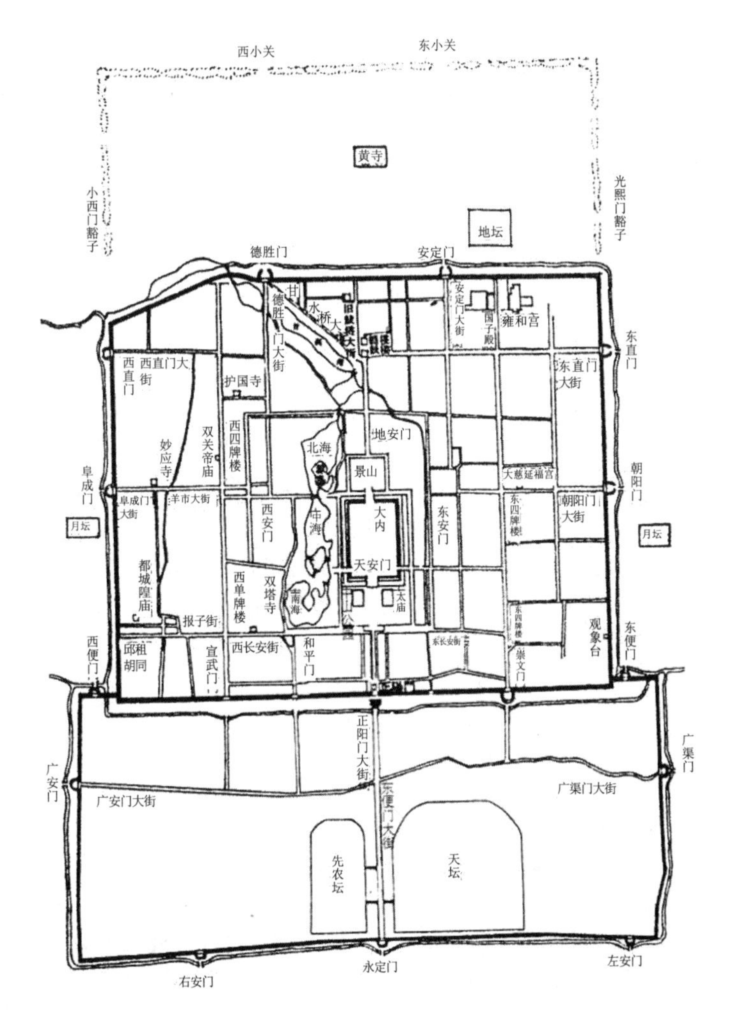

图 7-18　天地分祀后的五坛位置图（图片来源：《老北京公园开放记》）

地坛所表达的观念，一是大地观念，二是领地观念。而以君权为核心的大一统观念里，领地观念是地坛最重要的价值所在。

1925年3月，北洋政府京兆尹薛笃弼向内务部呈文，请求将地坛拨归京兆，辟为公园。薛笃弼的请求获准后，开始多方招募集资，还得到了财政部、交通部及其他机关的一些捐助，共筹到国币16000余元。在3个月的时间内，进行分期改建，内坛整修一新，外坛仍为农事试验场。1925年8月2日，京兆公园开放，这是北京地方政府创办的第一个平民公园。京兆公园堪称一部启蒙国民、普及知识的教科书。地坛是昔日皇帝祭祀的神圣场所，如今变成了平民游玩锻炼的好去处，其面貌和功能都发生了巨大变化。

在京兆公园开幕时，薛笃弼就公园与人民的极大关系进行演说，提出“一是与人民卫生有关，二是与教育有关系，公园是变相的通俗学校，为吾人所需要者也”。“于公共游息之中，寓提倡教育之意”，在公园改造过程中，“一曰辅助卫生；一曰发展文化；而保存古迹、开放游览之意亦寓乎其中”，修建世界园，以“极力提倡国家主义，唤起群众爱国思想”为宗旨。公园内由荒草丛生的大坑改造而成的体育场在当时是国内少有的设备齐备的平民化运动场，创建者将体育和爱国教育结合在一起，并在《京兆公园纪实》中“提倡体育，发扬民气，实为救国根本之大计”。薛笃弼改地坛为公园的动机，与10年前朱启钤改社稷坛为中央公园的思路十分相似。荒秽不堪的地坛在他眼里，就是将来市民休息游乐的场地基础，利用价值是很大的。“因其地势宽大，树木丛森，与其坐视倾颓，曷如废物利用。”薛笃弼改地坛为公园的这一举措，又一次将皇家禁地变为公共空间，无疑是顺应了城市近代化的潮流，造福于民。1984年5月1日，地坛公园正式开放。[17]共和亭的亭内悬挂五族伟人画像，以示“五族一家”之意，有秋亭在对联中寄寓了“与民休养生息”的意义、教稼亭的对联含义取自“教民稼墙”之意，三座新建的亭子，从设计到命名，均表达了薛笃弼先生的国家思想。

1928年，北京改名为“北平特别市”，京兆公园亦改名为“市民公园”。后因驻军破坏和经费短缺等问题导致公园日趋衰败，公共空间越来越少，公园也就名存实亡。

（5）太庙与劳动人民文化宫

北京市劳动人民文化宫，即古时的太庙，位于北京天安门东侧。始建于明永乐十八年（1420年）的明清太庙，一直是明清两代皇帝祭祖的宗庙。依据古代王都“左祖右社”的规制，与故宫、社稷坛同时建造，是紫禁城重要的组成部分。

太庙占地14万m^2，是我国现存最完整的、规模最宏大的皇家祭祖建筑群，是古代最重要的宗庙建筑，堪称“天下第一庙”（图7-19）。新中国成立初期，经周恩来总理提议，第一次政务院会议批准，将太庙移交北京市总工会管理，辟为职工群众的文化活动场所，向市民开放。北京市劳动人民文化宫于1950年4月30日揭幕，5月1日国际劳动节这一天正式对外开放。

此外，还有日坛和月坛在新中国成立以后开放，日坛，又名朝日坛，位于北京朝阳门外东南方向，是明清两代帝王祭祀大明之神——太阳的处所。日坛公园多次举办音乐节、春季花展、晨

(*a*) 鸟瞰太庙全景

(*b*) 太庙大殿

图7-19　太庙（图片来源：景山公园管理处）

练会演、古树认养等突出文化内涵的活动，吸引了大量游客。公园还有一个特点：不要门票——日坛是北京五个“坛”中唯一不要门票的公园。月坛于1955年被辟为公园，正式对公众开放。

7.3.3 从封建文化向现代文明的迈进

中国古代的园林建设深受封建思想的影响，在封建王朝的皇权文化背景下产生，并按照特定的文化指向，规划其规模、建造其景象、实现其功能。皇权文化是指服务于封建王朝统治及其政权巩固的一切意识形态和其相应的政权制度和国家机器。[18]从城市格局来看，历史上的皇家园林大都占据着城市发展的核心地带，与王都宫城、皇城、里坊建筑空间共同构成了良好的生态环境和城市的空间艺术。北京的北苑、南苑和西北离宫的总面积大约20余km²，大面积的绿色空间为北京城市提供了最佳的外部生态环境。[19]从现代城市人居环境的角度来看，可以说皇家园林是封建时代创造的最佳人居环境，而今天，这些现存的作为封建时代产物的皇家园林已成为大众游览胜地，实现了从封建文化向现代文明的迈进，并朝着更为健康的人居环境和生态城市发展。

7.4 北京近代园林演变过程中的经验总结

北京近代公共园林的发展，尤其是近代公园的开放与发展，使具有优美自然风光和蕴含深厚文化内涵的公共园林成为北京城市重要的历史文化遗产，不仅对改善城市环境起着重要的作用，而且对后世城市公共园林的建设、传承北京文化和北京精神、丰富市民生活，均有不可估量的价值和意义。现将北京近代公共园林中公园开放运动的经验总结如下。

7.4.1 古今兼顾、新旧两利

民国时期的公园开放与建设，本质上是通过旅游娱乐空间的拓展和娱乐项目的增加来缓解工业革命以来，社会制度体制对人们产生的压力，从而更加有利于人们的身心健康。政府对近代公园的关注和建设投入最多，对旅游娱乐空间的影响也最大。受公园开放运动的影响，全国各地公园数量迅速增加。在关注市民生活的同时，为人们提供了多样的旅游娱乐活动空间。

中央公园开园初期，仅有五色土坛和拜殿两处景观，古今兼顾，朱启钤先生带领热心公园开放的社会贤达和意气风发的各路能

（*a*）中山公园——五色土坛

（*b*）中山公园——古柏

（*c*）中山公园——水榭

（*d*）中山公园——唐花坞

图 7-20　中山公园

工巧匠一起劳作，先后营建了来今雨轩、长美轩、春明馆、柏斯馨等景点。在社稷坛改为中央公园的过程中，曾先后对外坛进行改造，“架长桥于西北隅，俯瞰太液，直趋西华门”，1914年以后的数年间，中央公园新景点陆续添建，昔日荒芜的社稷坛变成了文明高尚、水木明瑟的大众园林。同时，在朱启钤极力推崇的中国古典建筑学思想的影响下，公园按照中国古代园林的格局布置，保持原貌，主要体现在社稷坛、拜殿（即中山堂）、墙垣等处，对于新建部分，更是突显民族特色，如石坊、水榭、长廊、亭台、河池、植物等（图7-20）。在新旧两利方面，利用皇祇室旧址，将其改建为图书馆和演讲台，保护的同时加以充分的利用。依赖于城市新开放的公共空间，寓教于乐的同时，又能促进公共道德和加强爱国主义教育。古老的公园经过改建和开放，被赋予了全新的功能和意义，以兼具传统和现代的姿态，走进了北京的社会生活。

7.4.2　中西融合、文化建园

从近代中国公园产生的背景来看，清末到民国初期是中国社会由传统向现代转型的初级阶段，现代意义的公园由西方传入中国后，经历了一系列的本土化过程。而强调“游学”一体化是近代公园本土化的显著特征。从19世纪中后期开始，伴随着西方殖民势力的入侵，公园建设在规范游览秩序、培养国人遵守公共道德规范方面具有积极作用。国民政府通过公园建设向民众灌输着现代观念与意识，以寓教于乐的方式向公众传输爱国主张，发挥营造社会政治教育空间的功能。在新开发兴建的旅游项目中，逐渐兴建起不同于传统的新型旅游娱乐空间，进而衍生出民国时期的公园模式，将植物园、动物园、博物馆等置于公园内。而这一过程体现了中西交流后的文化交融，通过在旅游娱乐空间中，注入更多文化元素，反映出人文性的一面。从近代公园的兴起与发展历程来看，民国时期的中西合璧成为当时的一种建园风尚。公共性、公众性的建园思想得到很好的体现，故在公园布局上更加强调空间视野的开阔。在西方文化及市政运动的影响下，中国近代旅游娱乐空间的文化内涵也在不断拓展。源于对文化问题的关注，文化建园就是进一步强调园林绿化的文化意义和文化作用。

7.4.3 资金筹集、体制管理

民国之初的国民政府，仍然处于积贫积弱的状态，对于新的公园建设显得力不从心，在资金筹措上和体制管理上均遇到很多困难，随后，国民政府发展新市政，直接将历史上的“私园”改造成“公园”，即将传统的官方和私人活动空间转化成为大众服务的公共空间，以扩大公共旅游娱乐空间，这一重要举措在当时成效显著。开放过程深受中国传统儒家思想中“与民同乐”思想的影响。同样也是民国时期治理国家的一项重要举措。

中央公园是北京城内最早开放的公园，以募捐的形式筹集资金，并成立董事会负责公园的经营，当年的建设者在园中竖起一副楹联——“名园别有天地，老树不知岁时”。反映当时人民群众的欣喜之情。这里成为北京市群众游园活动重要场所。

7.4.4 古树名木、遗址保护

古树名木不仅是北京园林珍贵的植物资源，也是一笔宝贵的历史财富。这些古树资源也是地域性景观的重要构成要素，同时也是研究植物资源和应用的重要依据。中山公园古柏参天，松林夹道，其景象甚为壮观。另据《燕都丛考》记载:“先农坛内，古柏参天，苍松偃地，神祇坛内左右森列数十株，偃蹇扶疏，实较他出为奇古。民国16年（1927年），内务部以薪俸无所出，几欲伐之以为薪，嗣以市民力争，事始中辍。”因而，今天我们才能看到先农坛内的苍天古柏。这说明，人们充分认识到古树名木的价值，加强对古树名木的保护意识和保护力度，不仅有着积极的生态价值，更有着深刻的社会价值。

在遗址保护方面，从1964年的《威尼斯宪章》开始，历史古迹的概念已经扩大，不再是从纯粹的建筑古迹，人们将那些能见证“一种独特的文明、一种富有意义的发展或者一个历史事件”的“城市或者乡村环境”，包括城市、历史园林、历史地段等均纳入古迹的范畴。北京公共园林的近代发展过程表明，保护和更新遗址不仅要做到保护实体，更要将历史遗址所承载的地方文化特色与区域环境进行整体保护。

随着政治民主化、经济水平及人们文化素质的提高，生活在城市中的人们对于交往、游憩等社会活动品质的要求也越来越高，城市公共空间在突破原有传统的公共空间的君主专制、尊卑有序思想的同时，逐渐向满足现代人所要求的多样化、开放化方向发展，尊重传统，建构由历史文化名园串联的空间体系，满足现代生活对公共空间多样性、层次性和系统性的要求。

第8章

北京公共园林的发展演变
对城市空间和社会生活的影响

基于上述对北京公共园林的历史发展和北京园林的公共化演变内容的梳理，本章将进一步探讨公共园林的发展与演变对北京城市公共空间和社会生活的影响。城市公共空间对公众的开放程度和开放方式是不同的，因此，它们在城市中所发挥的作用和承载的功能也不同，这与公共空间在城市中的区位、规模及交通状况相关。区位条件的不同决定了人们到达公共空间的可达性，最佳位置的公共空间有利于减轻污染和塑造良好环境。空间规模则直接影响其承载力及公共活动的展开，而便利的交通条件是提升公众参与和可达性的又一因素。城市公共空间也在一定程度上影响并制约着城市的社会生活。

北京近代城市公共空间从传统向近代的转变是城市化发展的必然趋势。而北京近代的“公园开放运动”不仅拓展了城市公共空间，在促进传统文化与西方文化交汇融合的同时，也推进了北京政治与经济、文化与教育、社会生活以及防灾避灾等方面的近代化进程，进而显著地改善了北京城市的公共空间和社会生活。

8.1　北京近代公园的开放优化了北京的城市空间结构

在中国传统的城市建设中，封建帝王权力至上。城市建设将“象天法地，皇图永固”作为基准，历代都城在城市空间格局上，被政治权利和宗教权利所控制，城市布局中强调秩序感，如唐代的长安城、北宋的开封城和明清的北京城。一般将皇宫作为城市的中心，布局中通过宫殿的轴线形成控制城市发展的轴线，呈现出封闭内向和限制开放的特点。当时对城市居民来说最有吸引力的要数因经济发展而出现的商业街区。而城市中大量以自然景观为主体的公共空间是服务于皇家和官僚的。只有市场、街道和部分宗教空间是向普通百姓开放的。

民国之后，历代宫苑与曾经的禁地相继开放，才使城市公共空间出现平民化的倾向。通过一系列对于公共空间的环境整治，满足了人们对娱乐、交流和运动场地的需求，为人们提供了一个锻炼与休闲的空间，有利于居民健康水平的提高。另外，北京近代公园的开放在优化空间布局的同时，扩大了公众领域与交往空间；增强了对社会结构的深层次协调；公园的开放和公共空间的拓展，也在一定程度上提高了城市的综合安全功能。

8.1.1　加强对公共空间的环境整治

在《公共花园论》一文中，就曾强调城市中因人口剧增、房屋稠密、空气浑浊等因素而容易引起疾病的问题，而对于设立公园，尤其是在人口集中的城内设置公园，将是缓解这一问题的有效措施。为卫生起见，是当时在北京城内立公共花园的理由。

民国成立后，为加强对公共空间领域的环境整治，采取了公园开放和建设等一系列措施。伴随着市政运动的发展，创办公园成为各地市政建设的重要内容。由于兴建公园需要较大的经费支出，所以，最初采用开辟前代皇家或官家园林的做法，在降低成本的同时，也满足了民众的猎奇心理。与此同时，也从国外在环境整治方面借鉴了很多成功的经验作为指导。它们均对城市环境改造理论和实践的发展产生了较大影响。20世纪90年代，为了加强城市生态系统与环境建设，北京不断加大城市绿化和环境建设的力度，并取得了积极的成效。

8.1.2　扩大了公共领域与交往空间

在《北京历史文化名城保护规划》一文中有关于保护的三个层次，即文物的保护、历史文化保护区的保护、历史文化名城的保护。然而作为重中之重的旧城区曾一度是矛盾争论的焦点，因北京中心区的用地十分紧张，在旧城区内的北海、中山公园、景山公园等地虽相继开放，但仍无法满足实际需求，直至今日，作为三海体系的重要组成部分的中南海仍然没有对外开放，如果考虑将中南海与北海公园连成一片，将中南海湖区开放，必将意义重大。开放后，人们也将欣赏到中南海里的革命故居以及办公旧址，起到很好的瞻仰前人和教育后人的教化作用。另外，通过扩大中轴线两侧绿化，逐渐将轴线两侧的空间开放，尤其是一些尚未开放的私家园林，也将在改善区域环境的同时，进一步满足广大市民和游客的游览需要。而从世界范围看，在首都中心区保持较大规模的绿地在世界其他大都城市中均有体现。而北京绿地定额每人不到5m^2（包括水面），应该充分保护现有城区园林古迹并将其建成花园式首都中心区。

20世纪初开始的公园开放运动，将封建帝制下的园林相继开放，公共领域及公共空间的拓展有着深刻的社会意义，对社会的政治、经济、文化及公众健康等方面均有积极的影响。在政治方面，公共空间成了重要的群众参与政治的场所，如人们借助公共空间这一物质载体表达和宣传民主思想和进行爱国主义教育活动。在经济方面，传统的商业空间，如旧时代的庙会旧址等也逐渐被改造成城市公园对外开放。在文化教育方面，则反映出社会改革者们在培养广大民众对新的世界观的认同方面所付出的巨大努力。再从促进公众更健康的角度来看，对广大居民切身利益和需要给予足够的关注和重视，也都通过公园的设计和建设充分表现出来。

北京近代公共园林的建设大多是以旧园为基础进行改建来实现的，近代的公园在拓展城市公共空间的同时，显著改变了北京的城市结构，也在一定程度上改变了北京城市社会的生活方式和社会心态，是北京城市生活走向近代化的一个缩影。北京的城市功能也随着公共空间的改变而发生着重大转变，是近代都市化发展的必经阶段和发展趋势，城市空间格局从封闭内向逐渐走向开放与流动，使北京的公共空间和城市格局得到系统优化。

梁思成、林徽因在北京城市规划和文物保护工作方面做出了很大贡献，北京城的许多重要建设都倾注了他们的大量心血，作为一座规划严整，保留着大量文物古迹的古城，梁思成在《北京——都市计划的无比杰作》中，详细阐述了北京在历史、文化、艺术等方面的价值。对于当时的一些认为老城墙、城楼已是陈旧的历史遗存，无用即废的观点，梁思成提出可以充分将城楼利用起来，作为文化宫、展览厅，城墙可以改为公园，在上面栽花种草，作为老百姓的休息之处（图8-1），提出利用护城河来调节小气

图 8-1 梁思成绘制的北京城楼、城墙新用设想图（图片来源：《梁思成文集》）

候，由此可见，这是充分利用历史遗存，在保护古迹的同时，加强其与人民群众的关联性，挖掘其充分利用的可能性，拓展公共空间和增强公众交往的重要举措。但这些提议在日后并没有得到很好的关注。城墙的拆除、护城河水系的填埋等问题随之发生。

8.1.3　增强了对社会结构的深层协调

城市公共空间的塑造的确有利于形成和谐的社会氛围，这种和谐正是加强社会结构深层次协调的重要部分。利用环境来营造和谐气氛这一点，从英国的造园中就可看出，英国园林为实现“各阶级济济一堂，都来利用新鲜空气，进行身体锻炼”而不断进行着探索。

封建帝制时代的北京城内，绝大多数城市空间受控于统治者，用作集会场所的大型场地几乎是没有的，此时的政治家们多将发表言论的场地设在当时较为安全的会馆、寺庙或茶馆以及饭庄内。直到近代公园的出现，才真正改变了这种状况。公园是自由的公共活动空间，也增强了民众参与的广泛性。

另外，除了皇家、私家园林的开放，宗教空间对北京城市的影响不但涉及城市革新、环境改造，也进而涵盖了思想、文化等许多方面。北京宗教空间是城市历史文脉的重要组成部分，不仅是宗教生活的物质载体，同时也是确立城市文化身份的基础条件。宗教空间在城市范围内的合理调配，有利于缓解社会矛盾，增进社会和谐。随着社会观念的转化，民众信仰会逐渐达到一种平衡，而宗教空间建设应该顺应这个规律，努力做好宗教空间数目、选址的调配，以空间布局的手段，使大众信仰步入正轨，促使社会心理健全发展。北京内城的几处集中式宗教空间已经开始在尺度、形态和美学3个方面主动适应新的城市环境，并通过自身的形象处理提升周边城市环境的品质。

8.1.4　提高了城市的综合安全功能

近代公园的开放和公共园林的建设显著改善了生态和人居环境。公共空间的缺乏将会极大地影响居民的健康。城市公共空间的扩大在提高城市的综合安全方面有着重大的意义。不管是由公园绿地构成的大型开放空间，还是由一系列绿地串联出的空间，均在应急避灾避险方面具备平灾结合的优势，为城市安全和市民安全提供有力的保证。为了应对突如其来的自然灾害，开敞空间是人们应急避险的首选，因此，应该在加强对古代公共园林的认识及近代公共园林的经验总结，结合城市布局以及当代对开放空间提出的具体要求下，进一步提高城市综合安全，进行公共园林的建设。

8.2 北京近代公园的开放强化了北京中轴线景观

8.2.1 北京城中轴线及其历史价值

北京城的中轴线举世闻名，体现了严整的规划礼制和皇权至上的思想。北京城市南北建筑轴线所体现的“天轴”思想，早在4000年前的夏商时期就已体现。直至周代，据《周礼·考工记》中“匠人营国，方九里，旁三门。国中九经九纬，经涂九轨。左祖右社，面朝后市，市朝一夫。”根据记载的图形，我们可以看到都城中间的宫城被高大坚固的都城包裹着，形成了对最高统治机关的保护。《周礼·考工记》记述的周代城市建设的空间布局制度对中国古代城市的规划实践活动产生了深远的影响。

围绕中轴线所形成的完整的规划，最初形成于元代（约1258年）大都城的建设中，这是最符合《周礼·考工记》中“王城规制”思想的规划，明清北京的城市布局就遵循了中国古代传统的前宫后市、左祖右社的城市规划思想。虽然历史上的明清北京城已经不复存在，但是通过这些珍贵的历史图片，我们依然可以看到祖先曾经给我们留下过珍贵的文化遗产。历史上的北京不但有宫城（即紫禁城），外围还有卫城（即明清皇城），再外围才是北京城（即明清北京城），而城外还有保护皇城的城郭，也就是历史上的北京南城。《周礼·考工记》反映了中国古代都城建设规划思想已经十分成熟，并在规划中渗透了深奥的哲学思想。以上便是中国古代城市规划中“中轴”思想的起源。

梁思成曾经盛赞北京的中轴线及中轴线景观，《康熙南巡图》将长约7.8km的北京中轴线景观完整地展现出来。北京城中轴线的实用功能与文化内涵并存。不仅体现在有建筑序列构成的壮美轴线上，更体现在轴线所蕴含的文化内涵中。从西方国家轴线的演变来看，更多的是对实用、精神、美观的追求。虽各有特点，但一个共同的规律，即轴线是在公共生活发达的前提下出现的，为市民的共享空间。

8.2.2 北京城中轴线沿线历史名园

北京中轴线上的重点建筑“千变万化”，而在中轴线的两侧，分布着作为皇家御苑的北海和中南海，在东西两侧分布着曾为明清时期皇家祭天祈谷和祭祀先农的天坛和先农坛，除皇家园林外，还分布着众多王府花园、私家宅院等，如果说，北京城中轴线是记述北京城市文明历史的重要依据，那么分布在中轴线两侧的历史名园承载更多的是老北京城市文化的生活史，是更贴近百姓生活的精彩画卷，对中轴线起到了烘托作用。随着历史名园的开放，其所形成的开放空间更是很好地衬托了中轴线的壮美景观。因此，将中轴线的保护利用看作是资源整合的过程，即将城市的空间结构、功能组织、发展导向以及景观风貌串联出壮美的中轴线，那么在这条轴线上就包容了多种元素，即：点是以建筑或建筑群为载体的，线主要是指发挥指向作用的道路、绿化等，而面是更能够活跃轴线的元素，丰富多样，与中轴建筑相比，呈不对称性分布，如北京传统中轴线两侧的六海、先农坛、天坛等。扩大中轴线保护范围，逐步恢复北京历史名园景区的完整性和原真性，是不断推进中轴线保护与发展的有效途径。北京近代公园的开放在强化中轴线的同时更加壮大了中轴线景观。孟兆祯院士在论坛上表示，以元大都时期定下的北京城市中轴线和根据这条中轴线布置的“前朝后市、左庙右社”，“五坛八庙”，“三山五园”为基础，逐步发展并确立整个北京城的园林体系。他强调的就是中轴线与历史名园的关系。因此，对于中轴线要有一个从感知到认知的过程，认知的是中轴线不仅仅是可视的轴线景观，其中还包容了更多不可见的、却与当代生活关系极为密切的因素，这需要我们不断地深入挖掘。

关于北京城中轴线保护的问题，早在1993年10月，经由国务院批准并修订的《北京城市总体规划（1991～2010年）》一文中，就明确提出了历史文化名城的保护与发展，同时就北京城市中轴线一体提出保护的意见。在20世纪50年代前后，中轴线曾受当时的“改造旧北京，建设新北京”的规划思想的指导，以“阻碍交通、不利于建设现代化的北京”为由，遭受拆除和极大破坏，在此期间，轴线两侧的天坛、先农坛也被严重破坏，残缺不全，使早在民国初期兴起的公园开放运动的保护利用工作严重受创。

8.3　北京公共园林的发展演变对社会生活的影响

近代公园的开放与建设，折射出中西文化的融合、殖民主义与民族主义的冲突，公园与城市空间及公共空间的发展等问题。北京近代公园的开放和公共园林的发展对社会生活产生了深远影响。包括提升身心健康、公众思想、民俗活动和文化传承等方面。

8.3.1 提升了普通民众的健康水平

城市的发展，必然导致人口增加、资源短缺、环境恶化等一系列问题。鉴于西方国家在工业革命后的城市发展的经验，可以看出当人们长期处于大量的绿化开敞空间和优美的自然环境内，就会使得身心健康，疾病减少，这充分说明为公众服务的城市园林绿化在提高人们身心健康水平等方面均能够发挥积极的作用。因此，加强公共园林的建设，拓展公共园林的功能，是解决一些城市问题的行之有效的措施和手段。

8.3.2 强化了公众思想与公共观念

公众思想和公众参与都是在摆脱封建社会束缚的条件下产生的具有显著民主性质的社会机制，最早也是由西方国家传入我国的，其目的是想通过赋予公众某种权利，即公众参与的方法，充分带动人们参与建设和管理的积极性，在某种程度上这样的措施也是维护社会安定团结的需要。而在中国古代也曾出现过很多官民共建的风景。既开发了风景，同时也通过“与民同乐”的方式使政权得到了稳固。在当代，这样的公众思想与公众观念仍在不断提高。

8.3.3 承载了大众参与的民俗活动

20世纪初期，封建帝制被推翻，中华民国成立后，北京从封建帝都转变为民国首都。在北京城市发展的过程中，曾经作为皇室贵族专享的北海、中南海、颐和园等皇家园林和以恭王府为代表的王府花园占据着城市公共空间中最为核心的地段，但却为少数统治者所有，而普通百姓的公共空间则十分有限。中华民国成立后，城市居民的生活受到关注，拓展北京的公共空间为广大市民服务成为当务之急。公园开放运动在很大程度上拓展了北京的城市公共空间。

8.3.4 传承了历史积淀的民俗文化

历史上曾经的公共游览地段均承载着大量的民俗活动，同时透过这些民俗活动折射出不同历史时期社会生活的方方面面。而随着城市的加速发展，很多历史地段已经开始逐渐被人们遗忘，曾经的辉煌繁盛也都逐渐在人们的视野内一点点消失，因此，深入挖掘历史遗存中的有关文化民俗的记载，让历史上的公共园林在今天真正承担起传承民俗与地方文化的功能，是当前我们所面临的迫切任务。

第9章

结束语

一直以来，业界关于中国古代园林的相关问题讨论不断。从以往的研究内容和研究成果来看，大家关注的热点大多集中在曾经的主流园林上，即皇家园林、私家园林、寺庙宫观园林，并形成了丰硕的成果，但对公共园林这一类型的研究并不多。然而纵观中西方园林历史，其中一些大型的历史公共园林往往与城市发展有着密切的关系，或许这其中也正酝酿着生态园林城市的萌芽。

笔者在借鉴国内外相关领域研究成果的基础上，通过历史资料的整理挖掘、综合文献、实地调研、比较分析和归纳总结等方法，对北京历史公共园林的发展、演变进行系统的分析和总结。通过对历史上的北京城址变迁过程中河湖水系的利用与治理情况进行了深入研究，再从北京不同时期的城市背景出发，总结并概括出北京古代公共园林的生成特点，即因“寺观”而成的公共园林、因“胜迹”而成的公共园林、因“名山”而成的公共园林、因“河湖”而成的公共园林，结合具体实例分析北京内城最大的一处历史公共园林区域——什刹海。对内城东南角的泡子河和西南角的太平湖两处公共园林从满足内城排涝功能和绝佳风景的角度进行分析，说明其历史意义和价值。此外，还对外城坑塘遗址、近郊的河湖水系及远郊的名山寺庙的公共园林及游览地进行分析，总结出了北京公共园林的空间特色是山水空间、人文空间和园林艺术空间的综合体现。

另外，本书从园林的公共性的视角分析北京园林的公共化演变，北京历史上的皇家园林、祭坛园林、王府花园、寺观园林等在“公园开放运动”的影响下，相继出现了由“私”到“公”的历史转型，逐渐实现了从专制集权向公众开放转换和从封建文化向现代文明的迈进。归纳总结出北京近代公共园林的演变经验，内容包括古今兼顾、新旧两利，中西结合、文化建园，筹集资金、体制管理，古树名木、遗址保护等层面。

综合上述关于北京公共园林的发展和演变的研究，本书探讨了公共园林的发展对北京城市空间和社会生活的影响，包括对城市空间结构的优化、强化中轴线景观以及对城市社会生活的深刻影响。希望该研究在提高人们对中国古代园林中的公共园林认识的同时，能为北京园林历史的研究作出积极的贡献，并对今后北京园林的建设有一定的参考价值。

注释

第1章

[1] 周维权著．中国古典园林史[M]．北京：清华大学出版社．2008：19-22.

[2] 王劲韬．中国古代园林的公共性特征及对社会生活的影响[J]．中国园林.201（05）：68-72.

[3] 徐碧颖著．传统公共园林文化传承的规划设计研究方法——以大明湖为例[D]．清华大学硕士论文．2008：2.

[4] 中国国家图书馆，测绘出版社．北京古地图集[M]．北京：测绘出版社，2010：11-12.

[5] 周维权．中国古典园林史[M]．北京：清华大学出版社，2008：1.

[6] 周维权．中国古典园林史[M]．北京：清华大学出版社，2008：22.

[7] 赵兴华．北京园林史话[M]．北京：中国林业出版社，1999：5.

第2章

[1] 王劲韬．中国古代园林的公共性特征及对社会生活的影响[J]．中国园林，2011（5）：68-72.

[2] 王铎．中国古代苑园与文化[M]．武汉：湖北教育出版社，2002：280-298.

[3] 汪菊渊．中国古代园林史[M]．北京：中国建筑工业出版社，2006：24-25.

[4] 李敏．中国现代城市公园的发展、评价与展望[D]．北京：北京林业大学，1985：9.

[5] 庄岳，王蔚．环境艺术简史[M]．北京：中国建筑工业出版社，2006：119.

[6] 贺业钜．中国古代城市规划史[M]．北京：中国建筑工业出版社，1996：480.

[7] 周维权．中国古典园林史[M]．北京：清华大学出版社，2008：251.

[8] 庄岳，王蔚编．环境艺术简史[M]．北京：中国建筑工业出版社，2006：128.

[9] 周维权．中国古典园林史[M]．北京：清华大学出版社，2008：252.

[10] 王铎．中国古代苑园与文化[M]．武汉：湖北教育出版社，2002：283.

[11] 毛华松，廖聪全．宋代郡圃园林特点分析[J]．中国园林，2012（4）：77-80.

[12]周维权. 中国古典园林史[M]. 北京：清华大学出版社，2008：330.
[13]周维权. 中国古典园林史[M]. 北京：清华大学出版社，2008：334.
[14]庄岳，王蔚编. 环境艺术简史[M]. 北京：中国建筑工业出版社，2006：182.
[15]王铎. 中国古代苑园与文化[M]. 武汉：湖北教育出版社，2002：299-300.
[16]王铎. 中国古代苑园与文化[M]. 武汉：湖北教育出版社，2002：301.
[17]金秋野. 宗教空间北京城[M]. 北京：清华大学出版社，2011：168.
[18]陈蕴茜. 日常生活中殖民主义与民族主义的冲突——以中国近代公园为中心的考察[J]. 南京大学学报，2005（9）：82-95.
[19]王蔚等. 外国古代园林史[M]. 北京：中国建筑工业出版社，2011.10：25-28
[20]王蔚等. 外国古代园林史[M]. 北京：中国建筑工业出版社，2011：67.
[21]李敏. 中国现代城市公园的发展、评价与展望[D]. 北京：北京林业大学，1985：5-8.
[22][日]针之谷钟吉. 西方造园变迁史[M]. 北京：中国建筑工业出版社，1991：331.
[23]陆伟芳. 城市公共空间与大众健康——19世纪英国城市公园发展的启示[J]. 扬州大学学报：人文社会科学版，2003（7）：81-86.
[24]朱建宁. 西方园林史[M]. 北京：中国林业出版社，2008：117.
[25]杨滨章. 外国园林史[M]. 哈尔滨：东北林业大学出版社，2009：295.

第3章

[1]北京市地方志编纂委员会. 北京志·地质矿产水利气象卷·水利志稿[M]. 北京：北京出版社，2000：1.
[2]陈高华. 元大都[M]. 北京：北京出版社，1982：2.
[3]张仁忠. 北京史[M]. 插图版. 北京：北京大学出版社，2009：6.
[4]张仁忠. 北京史[M]. 插图版. 北京：北京大学出版社，2009：8-9.
[5]赵兴华. 北京园林史话[M]. 北京：中国林业出版社，1999：67.
[6]侯仁之著. 北京城的生命印记[M]. 北京：三联书店，2009：6.
[7]蔡潘. 北京古运河与城市供水研究[M]. 北京：北京出版社，1987：4.
[8]北京市地方志编纂委员会. 北京志·地质矿产水利气象卷·水利志稿[M]. 北京：北京出版社，2000：2-3.
[9]刘洋. 北京西城历史文化概要[M]. 北京：北京燕山出版社，2010：51.
[10]赵宁. 北京城市运河、水系演变的历史研究[D]. 武汉：武汉大学，2004：1.

[11]蔡蕃．北京古运河与城市供水研究[M]．北京：北京出版社，1987：9-10.
[12]蔡蕃．北京古运河与城市供水研究[M]．北京：北京出版社，1987：173-174.
[13]张仁忠．北京史（插图本）[M]．北京：北京大学出版社，2009：18.
[14]张仁忠．北京史（插图本）[M]．北京：北京大学出版社，2009：21-22.
[15]侯仁之．北京城的生命印记[M]．北京：三联书店，2009：6.
[16]张仁忠．北京史（插图本）[M]．北京：大学出版社，2009：33.
[17]元史·卷九十三：食货志一．海运.

第4章

[1]赵兴华．北京园林史话[M]．北京：中国林业出版社，1999：3.
[2]韩光辉．北京历史人口地理[M]．北京：北京大学出版社，1996：58-67；84.
[3]赵兴华．北京园林史话[M]．北京：中国林业出版社，1999：5.
[4]赵兴华．北京园林史话[M]．北京：中国林业出版社，1999：14-15.
[5]赵兴华．北京地区园林史略（一）[J]．古建园林技术，1985（8）：12-17.
[6]徐海鹏，岳升阳，石宁，等．莲花池环境特征及其保护[J]．2001（6）：18-23.
[7]周维权．中国古典园林史[M]．北京：清华大学出版社，2008：340-348.
[8]于杰，于光度．金中都[M]．北京：北京出版社，1989.
[9]于敏中等．钦定日下旧闻考·卷九十三.
[10]汪菊渊．中国古代园林史[M]．北京：中国建筑工业出版社，2006：271.
[11]张翥．蜕庵诗集·九月八日游南城三学诗、万寿寺·卷一.
[12]吴师道．吴正传文集·三月二十三日南城纪游·卷五.
[13]日下旧闻考·卷一百四十七：风俗（转引自析津志）.
[14]赵兴华．北京园林史话[M]．北京中国林业出版社，1999：61.
[15]欧阳玄．圭斋文集·渔家傲·南词·卷四.
[16]赵兴华．北京地区园林史略（一）[J]．古建园林技术，1985（8）：32-36.
[17]赵兴华．北京地区园林史略（一）[J]．古建园林技术，1985（8）：45-48.

第5章

[1]赵兴华．北京园林史话[M]．北京：中国林业出版社，1999：5.
[2]王铎．中国古代苑园与文化[M]．武汉：湖北教育出版社，2002：284.
[3]汤用彬，彭一卣，陈声聪．旧都文物略[M]．北京：书目文献出版社，1986：203
[4]赵兴华．北京园林史话[M]．北京：中国林业出版社，1999：1.
[5]汤用彬，彭一卣，陈声聪．旧都文物略[M]．北京：书目文献出版社，1986：196.
[6]汤用彬，彭一卣，陈声聪．旧都文物略[M]．北京：书目文献出版社，1986：221.
[7]（清）富察敦崇．燕京岁时记[M]．北京：北京古籍出版社，1981：73.
[8]侯仁之．北京城的生命印记[M]．北京：三联书店，2009：99-125.
[9]侯仁之．北京城的生命印记[M]．北京：三联书店，2009：9.
[10]周维权．中国古典园林史[M]．北京：清华大学出版社，2008：447.
[11]赵晓梅．明代北京什刹海公共景观分类研究[J]．陈植造园思想国际研讨会暨．2009（11）：150-154.
[12]赵林．什刹海[M]．北京：北京出版社，2004：23.
[13]（明）刘侗，于奕正．帝京景物略[M]．北京：北京古籍出版社，1980：19.
[14]（清）富察敦崇．燕京岁时记[M]．北京：北京古籍出版社，1981：48.
[15]高巍，孙建华等．燕京八景[M]．北京：学苑出版社，2002：241.
[16]（明）刘侗，于奕正．帝京景物略[M]．北京：北京古籍出版社，1980：53.
[17]汪菊渊．中国古代园林史[M]．北京：中国建筑工业出版社，2006：547.
[18]（明）刘侗，于奕正．帝京景物略[M]．北京：北京古籍出版社，1980：102-103.
[19]正江，丁山同．陶然亭[M]．北京：中国旅游出版社，1983.
[20]（明）蒋一葵．长安客话[M]．北京：北京古籍出版社，1982：45-46.
[21]于敏中等．钦定日下旧闻考·卷九十．
[22]周维权．中国古典园林史[M]．北京：清华大学出版社，2008.
[23]（明）刘侗，于奕正．帝京景物略[M]．北京：北京古籍出版社，1980：45-46.
[24]高巍，孙建华等．燕京八景[M]．北京：北京学苑出版社，2002：237-240.

[25]（明）刘侗，于奕正．帝京景物略[M]．北京：北京古籍出版社，1980：45-46．
[26]（清）潘荣陛，富察敦崇．帝京岁时纪胜[M]．北京：北京古籍出版社，1981：16．
[27]赵兴华．北京园林史话[M]．北京：中国林业出版社，1999：169．

第6章

[1]傅礼明．山水城市研究[M]．武汉：湖北科学技术出版社，2003：3．
[2]张杰，霍晓卫．北京古城城市设计中的人文尺度[J]．世界建筑，2002（2）：56-71．
[3]钟敬文．中国民俗史·明清卷[M]．北京：人民出版社，2008：2．
[4]钟敬文．中国民俗史·明清卷[M]．北京：人民出版社，2008：5．
[5]计成．园冶·第十章“借景”．
[6]（南朝宋）刘勰．文心雕龙·原道．

第7章

[1]朱祖希．古都北京[M]．北京：北京工业大学出版社，2007：11．
[2]陈义风．当代北京公园史话[M]．北京：当代中国出版社，2010：30．
[3]王铎．中国古代苑园与文化[M]．武汉：湖北教育出版社，2003：3．
[4]汤用彬等．旧都文物略[M]．北京：书目文献出版社，1986：55．
[5]汤用彬等．旧都文物略[M]．北京：书目文献出版社，1986：180．
[6]汤用彬等．旧都文物略[M]．北京：书目文献出版社，1986：72-74．
[7]北海景山公园管理处．北海景山公园志[M]．北京：中国林业出版社，2000：1．
[8]汤用彬等．旧都文物略[M]．北京：书目文献出版社，1986：65．
[9]北海公园事务所．北海公园景物略[M]．北京：北海公园事务所编印，1925：54．
[10]北海公园事务所．北海公园景物略[M]．北京：北海公园事务所编印，1925：60．
[11]赵兴华.北京园林史话[M]．北京：中国林业出版社，1999：253．
[12]金史•第8册•卷133[M]．北京：中华书局，2846．
[13]贾珺．北京私家园林志[M]．北京：清华大学出版社，2009：147．
[14]（清）陈宗蕃．燕都丛考[M]．北京：北京古籍出版社，1991：141．
[15]王炜．闫虹．老北京公园开放记[M]．北京：学苑出版社，2008：58．
[16]（清）潘荣陛，富察敦崇．帝京岁时纪胜[M]．北京：北京古籍出版社，1981：21．

[17]王炜. 闫虹. 老北京公园开放记[M]. 北京：学苑出版社，2008：149.

[18]王铎. 中国古代苑园与文化[M]. 武汉：湖北教育出版社，2002：78-86.

[19]王铎. 中国古代苑园与文化[M. 武汉：湖北教育出版社，2002：3.

致 谢

首先感谢我的导师李雄教授，感谢李老师对本书立意的严格把关，并在写作过程中给予耐心的指导，李老师严谨的治学态度，实事求是的工作作风，对专业敏锐的洞察力和缜密的逻辑思维给我很大启发，这是我今后在继续深造过程中需要努力学习的。

特别感谢苏雪痕教授、王莲英教授在学习上的督促和指导，以及在生活中的无微不至的关怀和照顾，给予我很多鼓励和帮助。跟随苏老师的学习使我开阔了视野，生活中的一点一滴都将使我受益终身。

感谢北京林业大学园林学院王向荣教授、董璁教授、刘晓明教授、周曦教授、赵鸣教授对本书提出的宝贵意见；感谢王劲韬老师在本书写作之初给予的宝贵建议，感谢梁伊任教授、毛子强教授、李炜民教授在百忙之中对本书进行评阅。

感谢仇莉、姚瑶、王小玲、黄冬梅、陈笑、苏醒等苏家军的全体姐妹对我在本书写作过程中的资料搜集、文献翻译以及调研等方面给予的大力支持和帮助，在此深表谢意。感谢金荷仙大师姐一直以来的支持和鼓励。感谢胡文芳师姐，在本书写作前后给予的经验和建议。感谢鲍沁星、孙鹏同学，在本书写作期间的支持和帮助。感谢舍友赵晶同学，在本书写作的日子里，我们相互鼓励，相互切磋，共同进步。

最后，谨以此书献给我的家人，正因为有你们的包容、理解、支持与鼓励才成就了今天的我，使我顺利完成本书的写作，本书的背后凝聚着你们的心血。